月季病虫害图鉴
与防控手册

主　编◎宁国贵　王继华
副主编◎赵　景　陈小林　何燕红　万　斌

长江出版传媒　湖北科学技术出版社

图书在版编目（CIP）数据

月季病虫害图鉴与防控手册 / 宁国贵，王继华主编 . —武汉：湖北科学技术出版社，2023.7

ISBN 978-7-5706-2637-3

Ⅰ. ①月… Ⅱ. ①宁… ②王… Ⅲ. ①月季—病虫害防治—图集 Ⅳ. ① S436.8-64

中国国家版本馆 CIP 数据核字（2023）第 118836 号

月季病虫害图鉴与防控手册
YUEJI BINGCHONGHAI TUJIAN YU FANGKONG SHOUCE

责任编辑：胡　婷
责任校对：王　璐　　　　封面设计：曾雅明

出版发行：湖北科学技术出版社
地　　址：武汉市雄楚大街 268 号（湖北出版文化城 B 座 13—14 层）
电　　话：027-87679468　　　　邮　　编：430070

印　　刷：武汉市金港彩印有限公司　　　　邮　　编：430040

700×1000　1/16　　6.5 印张　138 千字
2023 年 7 月第 1 版　　2023 年 7 月第 1 次印刷
定　　价：39.80 元

（本书如有印装问题，可找本社市场部更换）

本书编委会

主　编：宁国贵　王继华

副主编：赵　景　陈小林　何燕红　万　斌

顾　问：陈发棣

编　委（按照姓氏笔画排序）：

万　斌　四川省农业科学院
马　男　中国农业大学
王其刚　云南省农业科学院
王继华　云南省农业科学院
尹俊梅　中国热带农业科学院
宁国贵　华中农业大学
朱根发　广东省农业科学院
孙红梅　沈阳农业大学
李　傲　华中农业大学
何燕红　华中农业大学
张艺萍　云南省农业科学院
张莉雪　华中农业大学
张紫薇　华中农业大学
陈小林　华中农业大学
屈连伟　辽宁省农业科学院
赵　景　华中农业大学
柏　淼　元述园艺工作室
饶羽菲　华中农业大学
涂勋良　四川省农业科学院
黄兴霆　华中农业大学

前　言

月季是中国十大传统名花之一，具有很高的观赏价值和应用价值。月季病虫害已成为制约月季产业健康发展的重要因子，病虫害的发生常导致月季减产和品质降低。为提高大部分生产者对月季病虫害的有效辨识，认识当前有效的月季病虫害防控措施，编者调查了我国月季主产区切花、盆花及庭院月季生产与生长过程中病虫害的发生和防控情况。在此基础上，组织了国内主要从事花卉研究的专家和学者，根据近年来收集的大量月季病虫害图片以及调研中明确的防控手段，编写成册，便于广大月季生产者查阅和参考。由于编者水平有限，错误之处，欢迎批评指正。

宁国贵

2022 年 12 月 8 日 于狮子山

目 录 CONTENTS

CHAPTER 3　月季生理性病害

CHAPTER 4　月季主要虫害

CHAPTER 1

月季的基本特性及栽培技巧

第一节　何为月季？

月季（*Rosa* Jacq.）别名月月红、月月花、长春花、四季花、胜春等，是蔷薇科（Rosaceae）蔷薇属（*Rosa*）常绿或半常绿直立灌木，我国十大传统名花之一，被誉为“花中皇后”，更位列四大切花之首。其枝有短粗的钩状皮刺或无刺；叶片宽卵形至卵状长圆形，先端长渐尖或渐尖，基部近圆形或宽楔形，边缘有锐锯齿，两面近无毛，叶表暗绿色，叶背浅绿色；花多集生、少单生，花瓣有重瓣、半重瓣、单瓣等，花色不仅有红、粉、黄、白等单色，还有混色、银边等，有浓郁香气；果卵球形或梨形；花期 4—9 月，果期 6—11 月。兼具观赏、药用等价值，具有较好的经济、生态、社会效益。

↑ ‘艾弗的玫瑰’

↓ ‘初妆’

「碧翠丝」

第二节 月季的生长习性

月季喜光，需空气流通、排水良好而避风的环境。全日照条件下，空气相对湿度保持75%~80%，植株长势健壮。月季适应性强，耐寒、耐旱。大多数品种生长所需最适温度为：白昼18~25℃，夜间10~15℃。超过30℃则生长受到影响，进入半休眠状态；低于5℃即进入休眠状态，一般品种可耐-15℃低温，现已育成耐-30℃的耐寒品种。切花月季耐寒性较差，以设施（温室、塑料大棚）栽培为主。

‘草莓杏仁饼’

月季喜肥，适宜栽植在富含有机质、疏松肥沃、通气性好的微酸性（pH值6.0~6.8）土壤中，遵循“薄肥勤施”原则，切忌施用未腐熟肥和浓肥，可根据植株生长实际情况适时、适量追施有机肥。排水不良和土壤板结易导致植株生长受阻，甚至死亡。月季喜湿润，但不耐积水，遵循“见干见湿”的原则，春、夏、秋上午10时前浇水为宜，冬季午后13—14时浇水为宜。夏季水温略低于土温，冬季水温略高于土温，有利于根系发育。

第三节 月季的发展历史

月季被誉为“和平使者”，适应性极强，目前在全世界普遍种植。最早进行月季人工栽培的国家是中国。现代月季原种的栽植中心和最早的发源地是我国的黄河、长江流域，距今已有2000多年栽培历史。公元前140—前87年，西汉汉武帝时期就已开始种植月季。北宋时期，已经掌握了利用自然授粉种子选育新品种和扦插繁殖技术，保存和繁殖了一批优良月季品种。明清时期，月季发展进入鼎盛时期，培育出了10种极品中国古老月季：‘蓝天碧玉’（白色）、‘金瓯泛黄’（黄色）、‘朝霞彩衣’（黄色）、‘虢国淡妆’（白色）、‘赤龙含珠’（红色）、‘晓风残月’（白色）、‘淡抹鹅黄’（黄色）、‘春水绿波’（白色）、‘六朝金粉’（黄色）、‘玉液芙蓉’（白色），其中‘蓝天碧玉’在当时的月季育种中位居世界领先地位，可惜目前大部分已经失传。民国时期，月季栽培和育种处于停滞状态，逐渐失去了往日辉煌。

‘海洋之歌’

欧洲早期用于栽培和育种的蔷薇属植物主要是法国蔷薇（*R.gallica*）、百叶蔷薇（*R.cenlofolia*）和突厥蔷薇（*R.damascena*）。在1827年出版的《英国园艺》中记载英国当时有1059个蔷薇类植物品种。英国在月季育种方面始终处于世界领先地位的重要原因就是种质资源收集（从世界各国尤其是中国，搜集种质资源）。美国在1811年引入中国月季（*R.chinensis* Jacq.），并将其与南欧麝香蔷薇（*R.moschata*）杂交，育出了一大批月季新品种，到1846年记录有700多个蔷薇品种。法国利用中国月季与突厥蔷薇杂交，育出了大量的波旁月季（Bourbon Rose）杂种群，月季品种数量从1860年的25个猛增到1870年的6000个。

‘点火樱桃’

‘红色龙沙宝石’

在中国月季引入欧美之前，月季育种主要以野蔷薇（*R.multiflora*）和玫瑰（*R.rugosa* Thunb.）进行杂交，从未突破每月开花的难题。18 世纪末至 19 世纪初，月季杂交育种技术开始蓬勃发展，中国的‘月月红’‘月月粉’，以及香水月季‘彩晕’‘淡香’陆续传入欧洲，通过与欧洲蔷薇杂交育种，培养出大批花色艳丽、芳香馥郁、花形多样、多季开花的现代月季品种。至此，欧洲月季育种逐渐兴盛，月季发展进入新的阶段。

近代我国的月季育种工作起步较晚，发展较缓。20 世纪 50 年代，我国开始从法国引进切花月季，经过不断推广发展，培育的新品种具有株型大、花色丰富、花期长、香气浓郁；适应性强；抗寒、抗旱、耐瘠薄、抗病性强等优良性状。20 世纪 50—70 年代，‘黑旋风’‘上海之春’‘浦江朝霞’等自育品种相继问世，我国的月季育种工作开始复苏。20 世纪 80 年代，全国各高校、科研机构以及月季爱好者开始重视月季的育种工作，我国的月季育种和发展进入了新时代。近年来，随着花卉产业发展掀起新的热潮，月季的地位呈现逐年上升趋势。目前全国有 70 多个城市将月季、蔷薇、玫瑰作为市花。

第四节　月季的分类

‘银禧庆典’

月季的园艺学分类法各国不尽相同。一般根据种源、花形、株型和生长习性等来划分。

一、根据花色划分

表1-1　月季花色及代表品种

色系	代表品种
红色	‘绯扇’‘明星’‘梅郎口红’‘卡托尔纸牌’‘月季中心’‘奥运会’‘香云’‘天使’‘佛罗伦萨’‘亚克力红’‘红苹果’‘詹尼斯’‘双人芭蕾’‘红色龙沙宝石’‘红色蕾丝’‘流星王’‘超级明星’‘大教堂’‘阿托尔’‘科巴’‘帕萨迪娜’‘唐红’
白色	‘坦尼克’‘克莱尔’‘冰山’‘格拉米斯城堡’‘婚礼之路’‘珍妮莫罗’‘波莱罗’‘心之水滴’‘天鹅古董’‘肯尼迪’‘廷沃尔特’‘白色龙沙’‘白米农’‘婚礼白’‘法国花边’‘玛格丽特·梅利尔’‘冰淇淋’‘北极星’‘映雪’‘肯特’‘伊冯·拉比尔’‘肯迪亚·梅迪兰’
黄色	‘黄金庆典’‘欢笑格鲁吉亚’‘金丝雀’‘黄从容’‘凯特琳娜’‘金奖章’‘金凤凰’‘莱茵黄金’‘俄州黄金’‘诗人的妻子’‘小黄鸡’‘朝圣者’‘金绣娃’‘黄油硬糖’‘威士忌’‘南埃普顿’‘女生’‘爱丽斯公主’‘埃丽娜’‘阿瑟·贝尔’‘伦多拉’‘迈克尔公主’‘荷兰金’‘金婚’
粉色	‘粉扇’‘粉和平’‘粉色达芬奇’‘蒙娜丽莎’‘瑞典女王’‘奥斯汀凯拉’‘苏菲罗莎’‘娜荷玛’‘威基伍德’‘梦光环’‘奥利维亚’‘克里斯蒂安娜’‘仙境’‘博斯科贝尔’‘自由精神’‘灰姑娘’‘达芙妮’‘查克红’‘塔努塔利’‘阿洛哈’‘贝拉米’‘婚礼粉’‘情人’‘外交家’
绿色	‘绿星’‘绿萼’‘结绿珍’‘绿闪电’
橙色	‘杰·乔伊’‘坤特利’‘金牛座’‘玛希娜’‘大奖章’‘橘园’‘夏洛特夫人’
紫（蓝）色	‘水星王阳台’‘寂静’‘蓝色风暴’‘海洋之歌’‘蜻蜓’‘蓝色礼服’‘诺瓦利斯’‘戴高乐’‘清流’‘波尔图紫杯’‘仙容’‘薰衣草冰’‘海洋米卡多’‘光明知更鸟’‘密涅瓦’‘奥秘’‘拉米’‘青金石’‘贵族礼光’‘薰衣草花环’‘惊叹’‘路西法’‘大紫袍’‘兰花楹’
混色	‘希腊之乡’‘梅郎随想曲’‘爱’‘康斯坦茨’‘我的选择’‘克劳德·莫奈’

‘椿风’

‘烟花波浪’

‘回春’

二、根据花形划分

表1-2　月季花形及代表品种

花形	代表品种
平开状	‘紫叶蔷薇’‘樱桃派’‘芭蕾舞女’
球状	‘顺从’‘杰·乔伊’
杯状	‘新曙光’‘夏洛特夫人’‘安尼克城堡’‘黛丝德·蒙娜’‘瑞典女王’
突心状	‘和平’‘法兰西’
莲座状	‘保罗·雪威利’‘真宙’
四心莲座状	‘红色达芬奇’‘温柔的赫敏’
壶状	‘呼啦舞女郎’
绒球状	‘白色宠物’‘蓝色绒球’

‘金奖章’

‘真宙’

三、根据株型划分

表1-3　月季株型及代表品种

株型	代表品种
灌木类（Sh系）	‘红双喜’‘克劳德·莫奈’‘王子’‘闪电舞’‘海洋之歌’
杂交茶香切花类（Ht系）	‘和平’‘蓝宝石’‘白圣诞’‘绯扇’
丰花（聚花）类（F/Fl系）	‘小红帽’‘蓝色风暴’
壮花类（Gr系）	‘伊丽莎白女王’‘满天银星’
微型类（Min系）	‘绿冰’‘果汁阳台’‘芬芳宝石’
藤蔓类（Cl系）	‘黄金庆典’‘胭脂扣’‘龙沙宝石’
地被类（Gc系）	‘绝代佳人’‘白米农’‘玫瑰地毯’

四、根据香型划分

表1-4　月季香型及代表品种

香型	代表品种
无香型	‘木星王’‘流星王’‘橙色浪漫’‘罗斯丽娜’‘月儿王’‘粉格路’‘魔果’
没药香型	‘安布里奇’‘格拉米斯城堡’‘权杖之岛’‘婚礼之路’‘博斯科·贝尔’
茶香型	‘粉色达芬奇’‘香云’‘春芳’
辛辣香型	‘粉妆楼’‘单提贝斯’‘皱叶蔷薇’
果香型	‘真宙’‘亚伯拉罕达比’‘克里斯蒂安娜’‘奥利维亚’‘本杰明·布里顿’‘胡里奥’
蓝香型	‘蓝宝石’‘蓝月’
古典大马士革香型	‘芳纯’‘塞西尔·布伦纳’
现代大马士革香型	‘梅昂爸爸’‘伊芙伯爵’

五、根据抗逆性划分

表1-5　月季抗逆性及代表品种

类型	代表品种
耐热型	‘黄金庆典’‘真宙’‘友禅’‘红色龙沙宝石’‘纽曼姐妹’‘忧郁男孩’‘瑞典女王’‘朱丽叶’‘克劳德·莫奈’‘天方夜谭’‘温柔珊瑚心’‘粉和平’‘摩纳哥公爵’‘安尼克城堡’‘肯特公主’
耐寒型	‘海伦海斯’‘布劳内尔博士’‘夏洛特·布劳内尔’‘北极火焰’‘寒地玫瑰’‘黄金庆典’‘香云’‘天山牧歌’‘查尔斯·马莱里尼’‘吉纳维夫·奥尔西’‘菲利斯彼得’‘克雷普顿’，以及“绝代佳人”系列、“寒锦”系列、“寒粉”系列
抗白粉病	‘友禅’‘新生冰川’‘希拉之香’‘黑魔术’‘现代艺术’‘优雅’‘爱’‘春’‘芭比’‘友谊’‘激情’‘恋爱火焰’‘巴西诺’‘天山祥云’‘哈德福俊’
抗黑斑病	‘果汁阳台’‘克里斯蒂安娜公爵夫人（尘世天使）’‘紫色剪影’‘莫奈’‘门廊绒球’‘天方夜谭’‘瑞典女王’‘珍妮莫罗’‘秋日胭脂’‘卡拉奇’‘金雀’‘红堡’‘胡安妮塔’‘阿米卡’‘诺瓦利斯’‘烟花波浪’‘自由精神’‘葡萄冰山’
抗灰霉病	‘卡马拉’‘朱红女王’‘黑巴克’‘金色星光’‘费加罗夫人’‘帕蒂坦’‘爱和辉煌’

第五节　月季的繁殖方式

‘佛罗伦萨’

月季以无性繁殖为主。无性繁殖的方式有嫁接、扦插、组织培养3种。组织培养生产成本高，多用于科研。

一、嫁接繁殖

1. 芽接法

多采用“T”字形接法。目前主要用于树状月季（棒棒糖月季）的生产。嫁接前2~3天选取杆径2~5cm、40~120cm长的蔷薇枝条作砧木。用机械去除砧木上的芽点，避免后期抹芽耗费人工。从健壮的母株上采集接穗，剪除叶片、剥去枝刺制成接穗备用，在砧木顶部枝条上切出2~4个“T”形切口，将预先切好的接穗安插至切口，用塑料

‘彩虹绝代佳人’

嫁接膜捆缚处理，注意要将接穗露出在外。嫁接15 天后可检查是否成活。

2. 枝接法

多在休眠期进行切接，可用蔷薇、狗蔷薇等植物枝条作砧木，嫁接后扦插到营养杯中，搭设小拱棚控制温度、湿度，提高成活率。次年春季接穗萌发，砧木生根。

3. 根接法

该方法产生砧芽少，可减少剥芽的劳力，后期植株生长旺盛，成形快。挖出蔷薇根洗净，选取根颈粗 0.3~0.5cm 的当年生植株作砧木，用利刃在根颈与茎交接处下刀，截去砧木上半部分，再采用劈接法将月季接穗嫁接到砧木的根颈上。嫁接完成后将接好的嫁接苗栽植于营养杯中，放入搭设的小拱棚中控制温度、湿度，提高成活率。次年春季接穗发芽后进入正常养护。

二、扦插繁殖

1. 绿枝扦插

多在 6—10 月进行。选择当年生半木质化健壮枝条或在花谢后一周剪取枝条进行扦插。插穗长 5~8cm，带有 2~3 个腋芽，每根插条留 3~4 片小叶，去掉幼嫩部分多余叶片。扦插基质须无菌、疏松透气、透水性好，以珍珠岩为佳。先在扦插床中填 15~20cm 厚的滤水层，再填入珍珠岩，厚度 20cm 以上。为促进插条生根，可在茎下端剪口处涂抹生根粉。一般插条 35~45 天可生根，根长 5~10cm 时便可移植。可在扦插床上搭设小拱棚，并外设遮阴网控制其湿度和光照。

2. 休眠期扦插

多在 11 月至次年 3 月进行。选择一年生发育良好、无病虫害的木质化枝条，剪成长

‘单提贝斯’

6~10cm 的插条，用生根粉处理剪口，扦插在准备好的插床内。扦插基质(泥炭：椰糠：珍珠岩= 6：3：1)要求透气保湿。扦插后浇一次透水。扦插床上搭设小拱棚，外设遮阴网控制其湿度和光照。也可做双棚控制温度，或采用铺设地温线等手段增温。当冬季天气晴好，棚内温度较高时中午揭膜通风补水。月季生根的最适温度是 18~20℃，8℃以上才开始形成愈伤组织，温度如达不到要求，会推迟生根，留床时间会增加。开春后要注意插床中的基质湿度和环境温度。

‘飞溅迷情’

第六节　月季的栽植方式

‘伊吕波’

一、地栽月季

根据月季的生长习性和生态特征，选择光照良好、空气流通的地方栽植，立地为肥沃、疏松、排水较好的土壤，土质不好的要进行改土或客土。月季裸根移植在萌芽前 3 个月进行即可，盆栽植株转地栽南方地区全年均可进行，北方寒冷地区冬季不宜进行。选择生长健壮、冠状丰满、中心枝均匀分布、干皮完整、无机械损伤、无病虫害的植株进行栽植。强修剪，每株留 3~5 根枝条，枝条长度 20~30cm，栽植株距、行距和栽植穴的大小，以苗木大小及栽植品种而定。栽植穴一般为直径 30~45 cm、深 40~50cm，先施入基肥，填一层土后放入植株再回填土壤。嫁接苗的接口最好低于土表 2~3cm，扦插苗可保持原有深度。栽后浇透水，在春季及初夏月季生长季节，每隔 5~10 天浇一次水，雨季高温要注意排涝。

二、盆栽月季

‘迪士尼乐园’

南方地区的月季上盆栽植一年四季均可进行，但以春、秋、冬季为佳。春、秋季一般在阴天或傍晚进行，冬季宜在晴天的中午进行。选择健壮、无机械损伤、无病虫害的幼苗备用，在花盆中装入已配好的栽培基质，约占花盆体积的一半即可，将幼苗的根系放在基质上，再填入基质，边填边轻拍盆边，最后将基质轻轻压实，基质离盆口 3cm，并浇透定根水。若选用园土含量高的基质，需在盆底部先铺上 2~3cm 厚的排水层再放入基质，完成栽植工作。移植好的盆栽应放置在空旷、通风、阳光充足的地方。当叶片坚挺、叶色泛绿即视为植株成活，进入日常管理。

换盆翻土是养护盆栽月季的关键技术之一。春、秋季是换盆的最佳时机。当根系充满整个花盆，根条相互缠绕即可换盆。换盆前 2~3 天控水，以利于脱盆。在花盆中装入已配制好的基质（园土含量高的基质，需在盆底部先铺上 2~3cm 厚的排水层），从原盆中取出植株，修剪原来的根系，保留 90% 左右原有体积。放入新盆中，上平面距盆口 2~4cm，四周填上基质并压实，浇透水后放置在半阴凉处，7~10 天后，转入正常管理。

移栽后 1~3 天用 75% 百菌清 1000~1500 倍液或 50% 多菌灵 800~1000 倍液混合代森锰锌 1000~1500 倍液进行喷雾，预防病害发生。

‘伊芙克莱尔’

第七节　月季的土肥水管理

‘芬芳宝石’

一、土壤与基质

目前月季以无性繁殖为主。其中扦插苗无主根，根系向斜下方生长，水平范围分布比较广；嫁接苗主根发达，垂直分布范围广；无性繁殖苗随着苗龄的增长，侧根数目基本不变或增加量很少，支根和根毛数目增加快，并集中向下生长。这可能与根系分布浅及其趋肥性有关。因此，疏松、肥沃、排水和透气性良好的根系生长环境是月季正常生长的基础。

1. 地栽月季

栽植土壤是月季露地种植的基础，月季植株在富含有机质、排水良好的土壤中生长良好。土壤微酸性至中性，pH 值 6.0~7.0 最适宜。若种植土壤不能同时满足上述条件，需要进行换土或土壤改良，通常采用增加土壤有机质、改善土壤团粒结构、调节土壤酸碱度等手段。常用的有机质有：腐熟木屑、腐熟粉碎的秸秆、腐熟的落叶、腐熟的厩肥、堆肥（以羊粪为宜）。这些富含有机质的物品可混合应用，每平方米土壤加入的有机质不能少于 5kg，加入土壤后深翻土壤 35cm。偏碱性的土壤应多混入厩肥、堆肥、人粪尿等有机质来改造；偏酸性的土壤可用草木灰、石灰等中和。

‘灰姑娘’

2. 盆栽月季

盆栽月季与地栽月季相比根系活动范围有限，植株长势、花期、花朵大小、花色等都会受到一定的影响。因此，选择适

‘绿舞裙’

宜盆栽月季的基质能为其根系的生长提供更好的生长环境，一般以疏松、肥沃、排水和透气性良好的栽培基质较好。如果加入少量的腐熟有机肥（动物粪便、油枯、豆饼等）效果更佳。盆栽所用基质种类很多，包括腐殖质（泥炭、腐熟的秸秆或谷壳等）、园土（沙壤土为宜）、椰糠、河沙、陶粒、珍珠岩、蛭石、煤渣。其中，商品生产中以泥炭、珍珠岩最为常用，一方面此类基质重量轻，另一方面其排水和透气性都非常好。

（1）含园土的盆栽基质。这类基质组分中园土占比在30%以上（体积比），栽植植物后稳定性好，适宜种植高大灌木状和大藤本月季。基质中有机质含量高，后期也可追施有机肥，生产成本较无土栽培低。配制时先按配方将各种组分混配拌匀，混入充分发酵的厩肥或缓释肥，调节pH值在6.0~7.0，经均匀混合过筛后堆放，再用0.5%高锰酸钾、五氯硝基苯、溴甲烷等土壤消毒剂进行消毒后备用。

供参考的基质配方（体积比）如下。

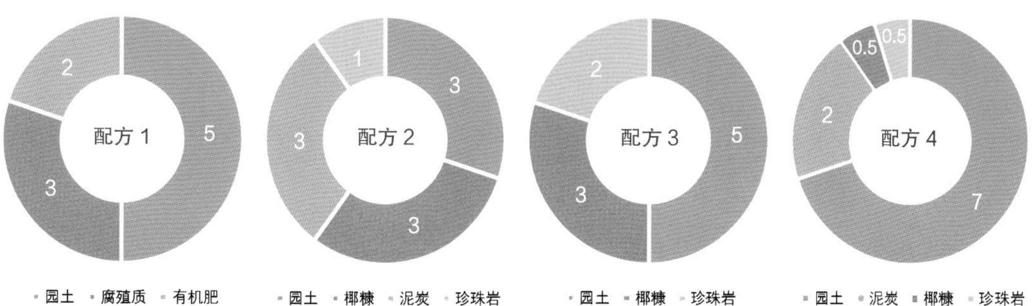

（2）无土栽培基质。近年来，无土栽培以产品质量好、产量高、清洁卫生、病虫害少、节省劳动力、便于自动化管理，以及节约水分、养分等特点逐步取代了土壤栽培。主要使用的材料为泥炭、珍珠岩、椰糠、河沙、陶粒、火山熔岩颗粒、木屑、粉碎的秸秆、植物果实外壳等。目前商业生产中使用最多的是泥炭、珍珠岩、椰糠等。这些材料配制的栽培基质具有较高的保水、透水、保肥能力及较好的透气性，且基质容重小，有利于盆花的生产、流通和销售。由于上述基质材料理化性质好，有机质含量低，配置基质时可加入适量缓释复合肥或控释肥，以减少后期追肥的成本。

供参考的基质配方（体积比）如下。

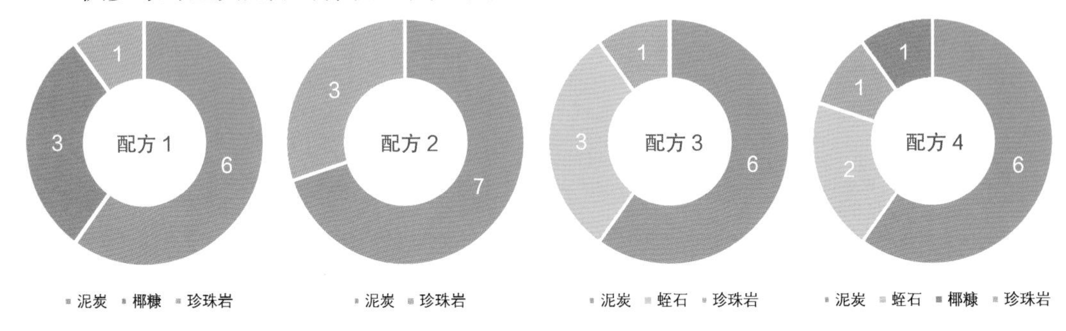

二、施肥管理

施肥是月季栽培过程中的关键环节。月季在生长季节温度适宜的情况下，可常年开花，需要补充大量养分。在施肥管理上要根据不同栽植基质、不同植株长势、不同生长阶段等实际情况开展适时适量的薄肥勤施。

‘水王星’

1. 施肥原则

（1）有机肥和无机肥配施。秋末冬初施有机肥或缓释无机肥作基肥，均匀施用后要翻耕土壤。腐熟的畜禽粪便、饼肥、厩肥，以及植物残体是常用的有机肥。生长季节追肥则以速效肥为主，尿素、磷酸二氢钾、磷酸二胺、硫酸钾及速溶复合无机肥等是常用的速效肥。近年来也使用枯草芽孢杆菌等生物菌肥和腐殖酸肥料。

（2）不同生长期施不同配比的肥料。春季出苗时，以高氮类肥料为主；春、夏季生长旺盛期，以氮磷钾均衡性肥料

‘亚伯拉罕达比’

为宜，以满足月季植株快速营养生长的需要；在花芽分化期至孕蕾期，以钾含量较高的肥料为主，并辅以氮肥结合叶面施肥促进植株的生殖生长；显蕾期使用磷、钾含量较高的肥料冲施并结合叶面追肥同时进行，加速花蕾膨大。炎热的夏季应该停止施肥。秋季应控制施肥，防止秋梢延缓成熟受冻。10 月之后，停止施肥，控制水分，有利于植株越冬。

（3）根据植株长势施肥。如叶片单薄、细小、嫩绿，腋芽新枝瘦弱，都是缺肥现象，应迅速施肥；若叶片肥大而厚，颜色深绿而有光泽，则是肥分充足的表现，可暂不施肥或少施肥。施肥要掌握勤施、少施、淡施的原则。

（4）因土施肥。栽培基质的保肥能力和供肥特点对施肥的效果影响很大，应根据栽培基质性质的不同采用不同的肥料类型和施肥方式。

2. 肥料种类

（1）有机肥：主要是腐熟后的饼肥、牲畜肥、植物残体等，养分释放较化肥慢，可改善土壤结构，调节酸碱度。不宜用于无土栽培。

（2）无机复合肥：由化学方法或（和）混合方法配制成的含有作物营养元素（氮、磷、钾）和微量营养元素的化肥。

（3）缓释肥：包含的养分（化学物质）释放速率远小于速效性肥料施入土壤后转变为植物有效态养分的释放速率，可减少肥料用量，降低相应人工成本。

‘漂亮的吻’

3. 施肥方式

（1）地栽月季施肥。主要采取有机肥、复合肥、微量元素肥料相结合，既能提供充足的养分，又能防止土壤板结。

具体施肥方法如下。

① 种植之前要施足基肥，用量应根据选用肥料的种类和土壤状况而定。施基肥按照每亩（1 亩约等于 667 m²）地块施氮、磷、钾等全量肥 100kg，有机肥 500kg。结合松土翻入土中，有利于增加土壤肥力，改良土壤结构，使土质疏松肥沃。

② 5 月开花疏剪后及 6 月中旬和 7 月下旬各施放一次均衡型复合肥（20-20-20），每亩 0.1~0.2kg，松土并及时浇水。

③ 8 月中旬修剪后，施有机肥每亩 1.0kg，及时翻土，淋水；9 月上旬及中旬追施一次速效氮钾肥（10-30-20），约每亩 0.15kg。

④ 10 月下旬施一次均衡型复合肥（20-20-20），约每亩 0.2kg。

⑤ 秋末停止施肥，以免催发秋梢，使其冬季遭受冻害。冬季可施一次，可用迟效肥料如腐熟的厩肥、堆肥或饼肥等，整个冬季休眠期不必再追肥。

⑥ 5—10 月的生长季节，及时清除开过的残花，结合打药喷施磷酸二氢钾（0.2%）等叶面肥，可实现开花不断。

（2）无土栽培月季施肥。无土栽培的月季以盆栽为主。施肥要遵循勤施、少施、淡施的原则。以追肥为主，每 7~10 天施一次。施肥在晴天傍晚进行，肥料应根据植株长势、生长发育阶段等实际情况进行适时适量的补充。

具体施肥方法如下。

① 2 月底至 3 月上旬植株萌芽展叶前，可追施一次均衡型复合肥（20-20-20）和腐殖酸液态肥，稀释 1200 倍，促根壮芽；初春萌芽后施氮肥（30-10-10）为主的复合肥，稀释 1000 倍，每 10 天施一次使植株枝壮叶茂。

② 4—6 月、9—10 月为月季生长旺盛期，应每 7~10 天施肥一次。在春、夏季营养生长旺盛期，每 7~10 天追施氮磷钾均衡复合肥（20-20-20，有效含量 25% 以上）一次，稀释 700 倍，以满足植株的快速营养生长；在花芽分化期至孕蕾期，以高钾（15-5-30）复合肥为主，稀释 800 倍，结合叶面追肥（0.2% 磷酸二氢钾），促进植株的生殖生长；在显蕾期每 7~10 天施用磷钾（10-30-20）含量较高的复合肥，稀释 700 倍，同时每隔 7 天用 0.1% 磷酸二氢钾稀释液叶面喷施，加速花蕾膨大。

③ 炎热夏季（7—8 月）月季进入半休眠期，可停止施肥。

④ 秋季应控制施肥，多施磷肥，一方面促使多开花，另一方面可让植株积累养分，提高抗寒力，利于越冬。

⑤ 刚上盆或换盆的月季不可根际追肥，建议进行低浓度叶面喷肥（每 7~10 天喷施 0.5% 的尿素或磷酸二铵一次）。待植株恢复正常生长时再每盆施入 10~15 粒尿素或磷酸二铵。施肥后及时浇透水，以促使化肥的稀释与吸收。

三、水分管理

月季喜湿润、怕水淹，栽培基质湿度不可过高，否则易烂根。水分管理上应遵循“见干见湿”的原则。实际生产中可根据季节、天气情况、基质（土壤）干湿程度、植株的长势等因素灵活掌握。

植株处在萌芽和新梢生长期时，要增加浇水量，满足植株旺盛生长对水分的需求；花芽分化期，要适当控制浇水量，控制植株营养生长，促使其转向生殖生长，分化花芽；孕蕾期时，要多浇水，促进花蕾发育；开花期，应少浇水，防止花朵早谢；休眠期，应少浇水，保持土壤湿润即可。

浇水时间因季节不同而不同。春季在上午 9—11 时浇水。夏季在上午 7—9 时或傍

‘天鹅古董’

晚17—19时浇水，避开中午高温时段。秋季每天10—15时均可浇水。冬季的补水宜在晴天的12—15时进行。北方地区露地栽培月季应在土壤上冻前一次性浇足“冻水”，做好防寒覆盖即可，至来年开春土壤化冻前不需浇水。

每年3—10月生长季节，浇水次数取决于天气状况和基质持水量。浇水时要做到“不干不浇、浇则浇透”，每次浇水保证浇透，且无积水。盆栽月季每次浇水应以有少量水从盆底渗出为度，地栽月季每次浇水根际应有少量水存留。

每年春夏之交时，部分地区有干热风出现，浇水时还应同时向植株周围地面洒水，以增加空气湿度，避免新芽嫩叶焦枯。

夏季高温时植物蒸腾作用加强，对水分需求量较大，可每天早、晚各浇一次水。浇透水，不要浇半截水。雨天注意排水防涝。

第八节 月季的修剪整形

‘铃’

一、修剪原则

（1）剪去病枝、弱枝和干枯枝。

（2）内向枝条、交叉枝条、重叠枝条、平行枝条，应根据植株长势、用途等具体情况确定枝条修剪与否和修剪程度。

（3）剪去使植株趋向生长的枝条，保持株型对称，各方向都能吸收充足的阳光，及时剪掉砧木上的所有分蘖芽。

（4）根据植株长势、用途等具体情况保留足够的健壮枝条以及足够的健壮芽点。

（5）修剪完成后，枝条整体在一个平面上，各个方向枝条芽点分布均匀，枝条不交叉，树冠通风透光。

二、修剪方法

1. 根据不同品种和植株长势，分强、中、弱 3 种方式进行整形修剪

（1）强剪。强剪一般适用于露地栽培月季和盆栽月季越冬修剪以及更新复壮修剪等。月季强剪可以重塑植株，还可以起到清园的作用，减少第二年病害发生的概率，使春季植株萌发健壮直立的枝条。冬季月季落叶后修剪时，选择一定数量生长健壮的一年生枝条作为成花母枝，一般留 2~4 根主枝，保留原枝条长度的 1/3，或保留其基部 2~3 个发育良好的饱满芽，将上部枝条全部剪除进行短截，把重叠和细弱枝条自基部紧贴主枝处全部剪去，这样可将营养集中，使来年开花丰满硕大。

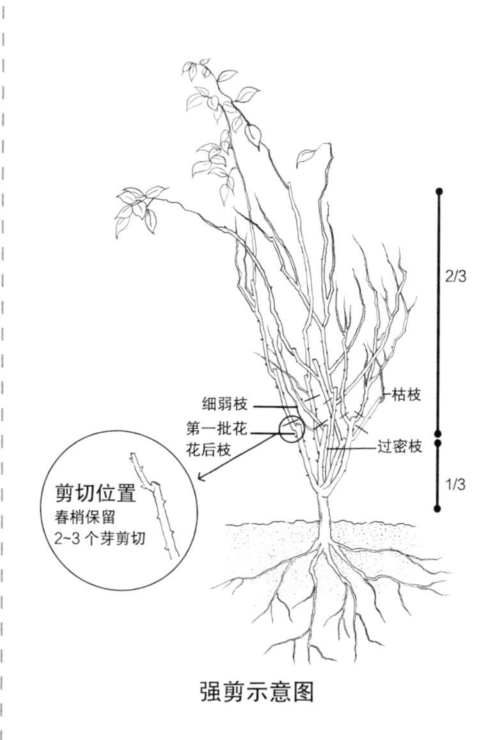

强剪示意图

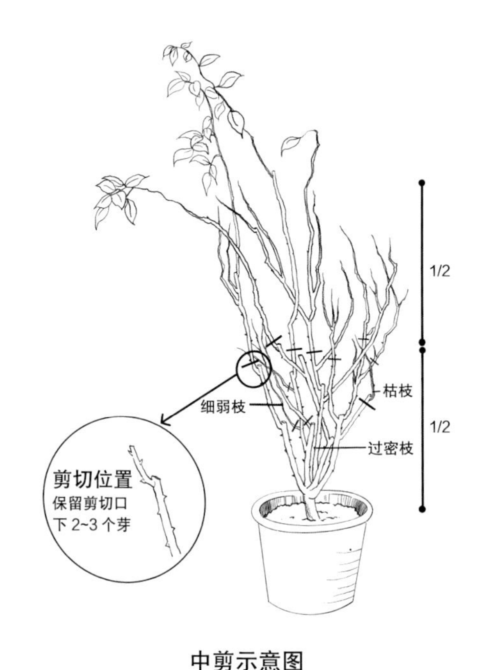

中剪示意图

（2）中剪。中剪是月季生长期常见的修剪方式，多用于中型花、易发枝条的勤花品种，可起到回缩株型的作用。修剪时，选择生长健壮的一年生枝条下剪，保留原枝条长度的 1/2 左右，或每根骨干枝保留 4~8 个健壮芽。强枝多留，弱枝少留。

（3）弱剪。这是月季开花生长期常用的修剪方式，通常用于花后修剪。修剪时，选择一定数量的生长健壮的一年生枝条作为成花母枝从顶部短截，修剪长度不超过原枝条长度的 1/3，或剪口下部保留 6~10 个发育良好的饱满芽。强枝多留，弱枝少留。弱剪是露地栽培月季常采用的一种修剪方法。

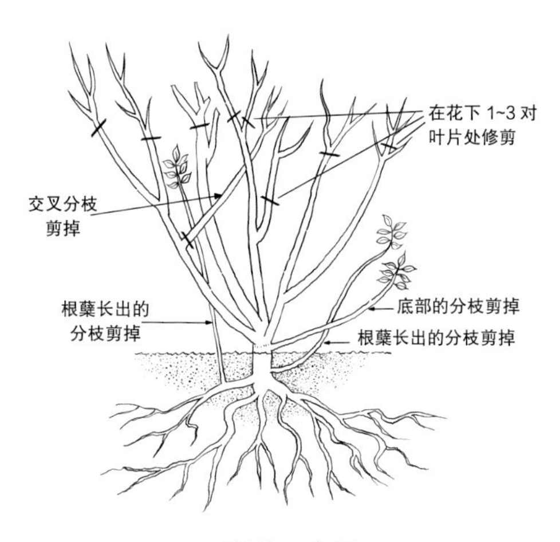

弱剪示意图

2. 修剪手法

（1）任何时候修剪都应该以 30°~45° 角下剪，这样操作可以帮助伤口部位的多余水分尽快排出，加速伤口愈合，避免真菌感染。

（2）修剪切口离芽点不能太近，也不能太远。离得太远会增加修剪后干枯的面积，不利于伤口愈合；离得太近又会导致靠近伤口的芽点快速发芽。通常距离在 0.5~1cm 即可。

三、修剪株型

1. 自然开心形

自然开心形的结构特点是无中央骨干枝，由 3~5 根骨干枝向四周分布形成圆形树冠，主枝开张角度为 40°～50°，每根骨干枝基部留 3~4 个饱满芽。该株型修剪量小，成形容易，树冠内通风透光，整形修剪后开花时花朵平面分布均匀，开花时间、高度、花朵大小一致，是露地栽培和盆栽月季采用的主要株型之一。

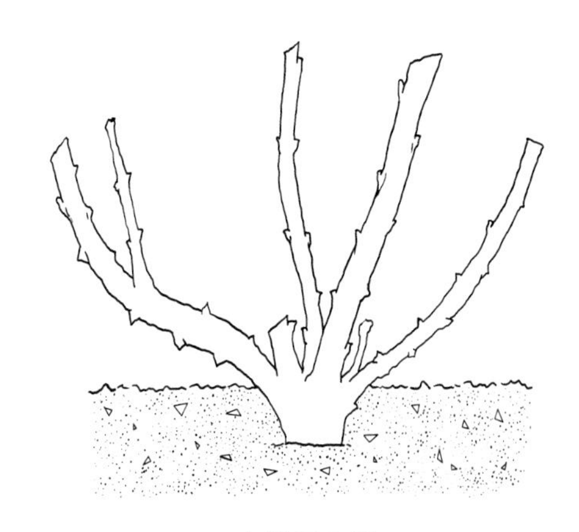

自然开心形

2. 多主枝丛生形

修剪时，选择 3~5 根生长健壮的一年生枝作为骨干枝，基部留 4~8 个饱满芽。多主枝丛生形的特点是整形修剪后单株开花多，花朵均匀分布于全株，呈立体式开放，可形成高低错落的繁花景致，是露地栽培和盆栽月季采用的主要株型之一。

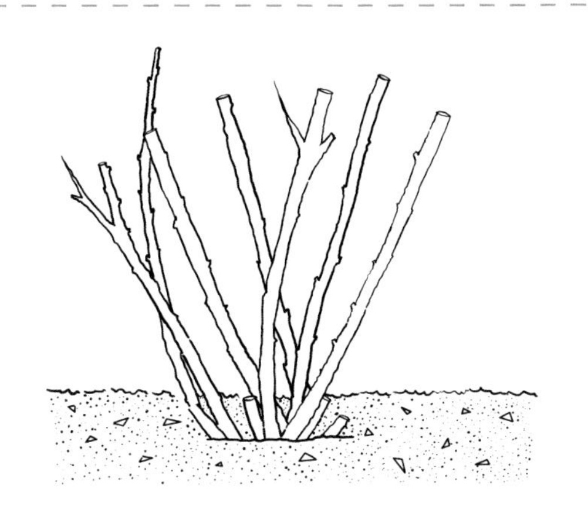

多主枝丛生形

3. 独干树形

独干树形月季多采用无刺蔷薇砧木高干嫁接培育或 3 年以上连续整形培育而成，成形植株有一个相对粗壮的直立主干，干高 20~150cm，修剪时应保留主干顶部 4~6 根生长健壮的一年生枝为主枝，修剪后每根主枝保留 3~5 个饱满芽。成形后花期可形成别致的树状月季景致，亦称树状月季或棒棒糖月季。

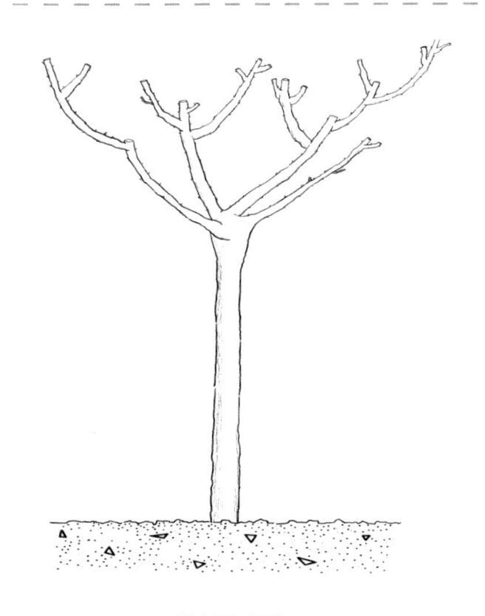

独干树形

四、准备工作

1. 修剪工具

（1）枝条剪：修枝剪、叶芽剪。

（2）园艺手锯：用来锯断完全木质化的老枝条和靠近根部的粗枝条，通常在冬季强剪的时候使用。

（3）75% 的酒精：修剪不同植株时擦拭刀口，避免病害（主要预防根瘤病）交叉感染。

（4）伤口涂抹液：既可防止伤口感染，又能有效防止水分过量蒸发并促进伤口愈合。

2. 控水停肥

修剪之前控水停肥，减缓植株长势，避免剪后伤流。

3. 修剪时机

晴天 9—16 时。

五、修剪后的管理

冬季修剪后，清理剪下的枝条、落叶，清除周边的杂草、垃圾等，用石硫合剂或脂酸钠乳剂喷洒植株及周围环境，进行清园。

生长期每次修剪后要进行一次松土、除草、施肥。用甲基托布津或代森锰锌稀释喷洒植株，预防病害发生。

CHAPTER 2

月季主要病害

第一节　月季白粉病

一、致病菌

蔷薇单丝壳菌（*Sphaerotheca pannosa*）。

二、病原特征

蔷薇单丝壳菌属于白粉菌目（Erysiphales）白粉菌科（Erysiphaceae）单丝壳菌属（*Sphaerotheca*）。子囊棒状，大小为 (30~50)μm×(10~18)μm，脚孢呈柱状；菌丝直径为 5~12μm；分生孢子梗膨大并稍弯曲，无分枝，大小为 (39~82)μm×(9~11)μm，直立生长在菌丝上；分生孢子圆桶形，无色，无纤维体，大小为 (18~31)μm×(10~17)μm，5~10 个串生。

三、症状识别

月季被侵染后，一开始会出现零星的白色霉点，随着病情的加重，霉点逐渐扩大，变为粉末状。月季的叶片、花蕾、花梗、花和茎干均能感染白粉病，其中嫩叶及花蕾是极易受感染的部位。叶片在遭受感染后会影响正常生长，严重的会出现翻卷皱缩的现象，叶片正反面密布白粉层，老叶还会出现不规则水渍状褪绿的斑点，随后出现脱落、枯萎现象。月季的花蕾染病后，花蕾上布满白粉层，被严重感染的会出现盲花，甚至植株还会死亡。

月季花蕾和花梗感染白粉病症状

月季叶片感染白粉病症状

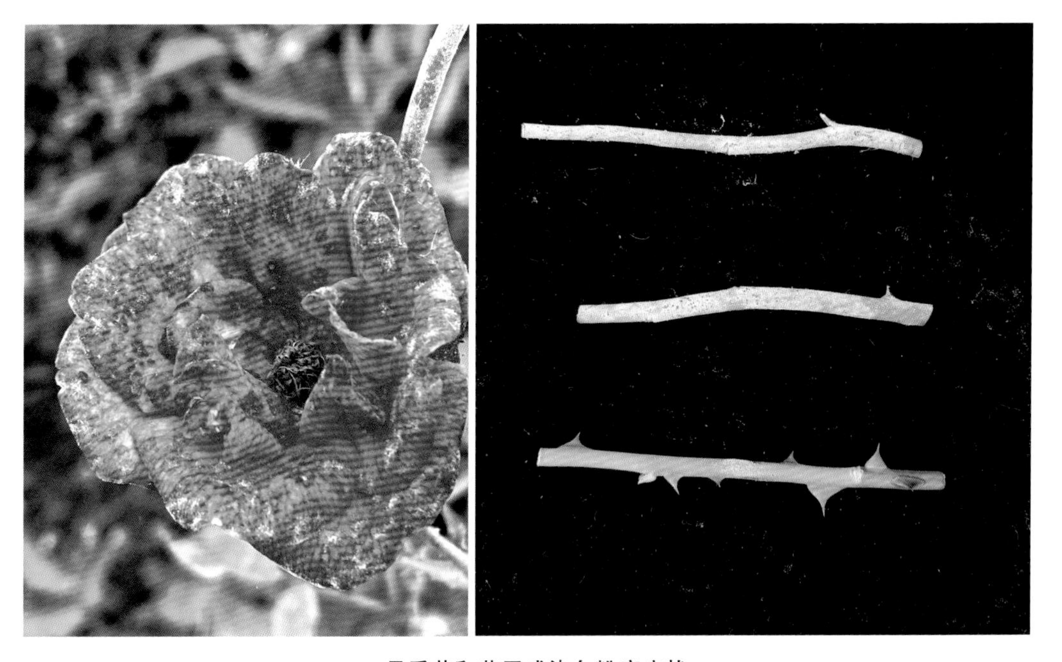

月季花和茎干感染白粉病症状

四、发病及流行规律

露地栽培，春、秋两季是月季白粉病多发时期。设施栽培中适宜温度、较高湿度都能诱发月季白粉病，栽培管理不当则全年均能发生。蔷薇单丝壳菌分生孢子在4~36℃均可萌发，最适温度为20℃。孢子萌发一般需要较高的空气湿度，90%~100%的相对湿度萌发率较高。通风不良的情况下，田间40%~80%的湿度环境也能大面积发生和蔓延。月季白粉病在适合的环境下分生孢子开始萌发，通过角质层和表皮细胞壁进入表皮细胞对植株进行危害。病菌以菌丝体在休眠芽内、病叶、病梢上越冬，次年形成分生孢子借风力传播。

月季整株感染白粉病症状

五、防治方法

选用抗性强的月季品种是栽培上防治月季白粉病最经济、最简单的方法。农业防治和化学防治相结合，是控制月季白粉病的主要措施。

（一）农业防治

合理设置株距、行距，加强植株间的通风透光；适当增施钾肥和钙肥，铵态氮肥不宜过多；不宜采用喷灌，采用滴灌或潮汐式灌溉为宜，以降低空气湿度；适时修剪整形，剪除病枝叶，通过改善植株间距来保持通风透光。

设施栽培，尤其要注意控制室内的温度和湿度，夜间也要注意及时通风透气；管控好侧窗的开关，防止侧窗区域对流风导致的白粉病菌传播和蔓延。

（二）化学防治

预防：生产上多推荐采用 50% 多菌灵可湿性粉剂 500~1000 倍液、40% 百菌清悬浮剂 750~800 倍液、27% 高脂膜乳剂 200~300 倍液等，间隔 10~15 天喷施一次，以预防白粉病发生。

发病初期，推荐选用低毒、高效的生物农药喷洒，如：哈茨木霉菌 1500~3000 倍液、枯草芽孢杆菌 1000~1500 倍液、3% 克菌康可湿性粉剂 600~900 倍液、15% 多抗霉素可湿性粉剂 1500~2000 倍液等，间隔 3~5 天喷一次，喷施 2~3 次。

发病期，推荐使用 50% 甲基硫菌灵悬浮剂 800 倍液、25% 吡唑醚菌酯悬浮剂 1000~3000 倍液、25% 嘧菌酯悬浮剂 1500 倍液、48% 肟菌酯悬浮剂 1500~2000 倍液、40% 氟硅唑乳油剂 8000~10000 倍液、25% 乙嘧酚悬浮剂 1000 倍液，间隔 3~5 天喷一次，喷施 2~3 次。喷施过程中，各种农药要交替施用，防止产生抗药性。具体见表 2-1。

表2-1　月季白粉病化学防治推荐药剂和施用方法

时期	药品名	剂型	剂量	施用方法
预防期	50%多菌灵	可湿性粉剂	500~1000倍液	间隔10~15天喷施一次，各农药交替施用
	40%百菌清	悬浮剂	750~800倍液	
	27%高脂膜	乳剂	200~300倍液	
发病初期	哈茨木霉菌	可湿性粉剂	1500~3000倍液	间隔3~5天喷施一次，共2~3次，各农药交替施用
	枯草芽孢杆菌	可湿性粉剂	1000~1500倍液	
	3%克菌康	可湿性粉剂	600~900倍液	
	15%多抗霉素	可湿性粉剂	1500~2000倍液	
发病期	50%甲基硫菌灵	悬浮剂	800倍液	间隔3~5天喷施一次，共2~3次，各农药交替施用
	25%吡唑醚菌酯	悬浮剂	1000~3000倍液	
	25%嘧菌酯	悬浮剂	1500倍液	
	48%肟菌酯	悬浮剂	1500~2000倍液	
	40%氟硅唑	乳油剂	8000~10000倍液	
	25%乙嘧酚	悬浮剂	1000倍液	

第二节 月季灰霉病

一、致病菌

灰葡萄孢（*Botrytis cinerea*）。

二、病原特征

灰葡萄孢属于柔膜菌目（Helotiales）核盘菌科（Sclerotiniaceae）葡萄孢属（*Botrytis*）。该菌气生菌丝为茸毛状，初期白色，后转灰色，菌丝具隔，不规则分支，分支处有隘缩。分生孢子梗细长，无色，有隔膜，顶端细胞膨大成球形，上面有许多小梗。分生孢子单胞，无色，椭圆形，着生小梗上聚集成葡萄穗状。发病后期，病部产生黑色细小颗粒状菌核。

三、症状识别

月季灰霉病主要为害叶、芽、花蕾和花，也可为害幼茎。其中花朵受影响表现更为明显。叶缘和叶尖发病时，起初会出现水渍状淡褐色斑点，光滑稍有下陷，后扩大腐烂，后期出现灰色的霉层。花蕾发病时，起初花苞上会有泡状的突起，随后花苞的底部有些发黑，花苞上出现灰褐色病斑，并出现灰色的霉层，病蕾变褐枯死。花发病时，部分花瓣变褐色皱缩、腐败。在温暖潮湿的环境下，灰色霉层可以完全长满受侵染部位。

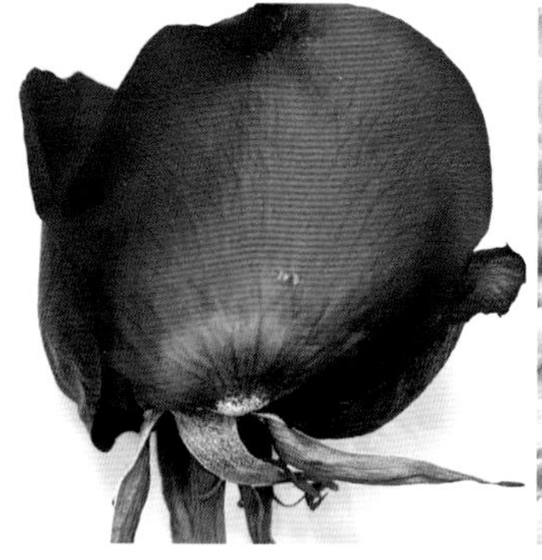

月季花朵感染灰霉病症状

四、发病及流行规律

以菌丝体或菌核潜伏于病部越冬，第二年产生分生孢子，借风雨传播，从伤口侵入，或从表皮直接侵入危害。温室中夏季高温、湿度大，极易发生灰霉病；切花月季在采收、储运过程中易发生灰霉病影响观赏价值。凋谢的花和花梗不及时摘除时，往往从此类衰败的组织上先发病，然后再传到健康的花和花蕾上。病菌喜温暖湿润和弱光条件，温度 20℃左右，相对湿度 90% 以上时，病害易于发生。田间管理粗放，植株生长衰弱，易导致病情加重。

五、防治方法

农业防治和化学防治相结合，是控制月季灰霉病的主要措施。

（一）选育抗病品种

尽量选择抗病能力强的良种月季栽培，尤其是华东、华中、华南地区夏季高温多雨，抗病品种选择尤其重要。

（二）农业防治

规范作物的栽培管理措施是预防灰霉病的关键措施之一。

（1）注意对温、湿度进行控制：水分过多会让植株出现吐水现象，吐水情况越严重就越容易产生灰霉病。低温季节应加强通风，保持环境干燥，尽量避免在阴雨天气灌溉，推荐使用滴灌和膜下灌溉的方式。雨季要控制灌溉次数，降低棚室内湿度。采用适当的加温措施，能对灰霉病的发生进行有效的预防，及时修剪掉过于密集的枝叶，保证充足光照。

（2）及时摘除植株柱头以及残留花瓣：幼果期或蘸花后 7~15 天摘除比较合适，减少初侵染点，这是一种比较直接又简便易行的防治技术。

（3）及时清除病残体：剪除病残枝、清理凋花败叶以及感染病部，集中销毁处理，减少感染源。修剪口要及时消毒，并涂上防腐膜，保护其不受病菌感染。

（4）合理施肥：撒施足量的有机肥，增加磷肥、钾肥的撒施量，以提升植株的抗病能力，促生长、促花。

（三）化学防治

从早春发芽时开始，推荐采用百菌清、多菌灵、甲基硫菌灵、速克灵等药剂进行化学防治（每隔 10~15 天进行一次）。

在发病严重时，推荐使用以下药剂进行治疗（每 3~5 天一次，连续 2~3 次）：50% 多菌灵悬浮剂 500~800 倍液，50% 异菌脲可湿性粉剂 400~500 倍液，40% 嘧霉胺悬浮剂 500~1000 倍液，50% 啶酰菌胺水分散粒剂 500~1000 倍液，10% 腐霉利烟剂 200~300g/667m^2（棚室），45% 百菌清烟剂 250~300g/667m^2（棚室）等。为防止病菌产生抗药性，应注意不同药剂的交替施用或进行混配。具体见表 2-2。

表2-2　月季灰霉病化学防治推荐药剂和施用方法

时期	药品名	剂型	剂量	施用方法
预防期	50%多菌灵	可湿性粉剂	500~800倍液	间隔10~15天喷施一次，各农药交替施用
	40%百菌清	悬浮剂	750~800倍液	
	50%甲基硫菌灵	悬浮剂	800~1000倍液	
发病期	50%多菌灵	悬浮剂	500~800倍液	间隔3~5天喷施一次次，共2~3次，各农药交替施用
	50%异菌脲	可湿性粉剂	400~500倍液	
	40%嘧霉胺	悬浮剂	500~1000倍液	
	50%啶酰菌胺	水分散粒剂	500~1000倍液	
	10%腐霉利	烟剂	200~300g/667m^2(棚室)	
	45%百菌清	烟剂	250~300g/667m^2(棚室)	

第三节　月季黑斑病

一、致病菌

蔷薇盘二孢（*Marssonina rosae*）。

二、病原特征

蔷薇盘二孢属于半活体营养型真菌，有性态为蔷薇双壳菌（*Diplocarpon rosae*），属于柔膜菌目（Helotiales）皮盘菌科（Dermatidaceae）双壳属（*Diplocarpon*）。分生孢子近椭圆形或长卵圆形，无色，双胞，分隔处略缢缩，2 个细胞大小不等，略微弯曲，大小为 (17.5~25.2)μm × (5.0~7.5)μm。分生孢子梗无色，极短，不明显。分生孢子盘呈圆形至不规则形，黑色，直径为 108~198μm，盘下有放射状的菌丝。

三、症状识别

叶片发病初期，正面出现形状不规则、直径约 1mm 的小黑点；发病中期逐渐扩展为直径 2~12mm 的不规则形、半圆形或圆形的黑色或深褐色病斑，病斑周围有黄色的晕圈包围，病斑间可以相互融合；发病后期，叶片上的病原菌分生孢子在病斑部位呈现疱状小点，病斑中央的组织则呈现灰白色，并且病叶逐渐变成黄色至脱落，严重时能导致整株叶片脱落，直至植株死亡。嫩茎染病后，病斑呈紫色或黑色的条形或长椭圆形，稍稍下陷。花梗染病后的症状和嫩茎染病后的症状类似。花蕾染病后，病斑呈紫黑色椭圆形。新梢染病后，病斑呈紫黑色长椭圆形，稍凸起。研究表明，发生过黑斑病的月季，病叶脱落后，再次萌发的新叶更容易感染月季白粉病。

月季黑斑病叶片危害症状

月季黑斑病花和叶危害症状

月季黑斑病植株危害症状

四、发病及流行规律

黑斑病是露地种植月季最为普遍的病害，发病的最适温度为 17~25℃，当温度超过 30℃时发病减少，夏秋季节交替时黑斑病高发。温度及相对湿度对分生孢子的萌发起着至关重要的作用，在温暖潮湿的环境中，病菌孢子可滋生蔓延。越冬后的分生孢子在相对湿度为 23%~99% 时可萌发侵入。露地栽培时，病原菌以菌丝体在芽鳞、叶痕越冬，或以分生孢子盘在枯枝落叶上越冬，翌年春天产生分生孢子进行初侵染。温室栽培则以分生孢子和菌丝体在病部越冬。分生孢子由雨水、灌溉水的喷溅传播，昆虫也可携带传播。

五、防治方法

在生产和育种工作中，主要通过选择高抗的品种、加强栽培管理、混合种植多品种、化学防治和生物防治来对月季黑斑病进行防治。

（一）加强栽培管理

栽培管理得当，可以减少感病的可能性。栽培过程中，应该避免湿冷、闷热、种植地积水、栽植过密和通风不良等容易导致月季感病的环境条件；施肥时应多施磷肥、钾肥，少施氮肥；浇水采取滴灌、沟灌等方式，并且由于潮湿利于病原菌的侵入，因此应避免夜间浇水，加强雨季排水。秋季彻底清除残枝落叶，冬季修剪病枝、病叶，集中烧毁或深埋，减少侵染源。

（二）混合种植多品种

多品种混合种植，避免种植单一品种，可以有效遏制病原菌的传播速度，减少病害的发生。

（三）化学防治

预防：早春推荐用1%福美砷进行土壤消毒，可有效预防月季黑斑病。休眠期推荐用200倍五氯酚钠水溶液、石硫合剂粉剂2~4° Bé进行全植株以及种植地面喷雾，以清除越冬菌丝体及分生孢子，杀死病残体上的越冬菌源。

发病初期，推荐用10%苯醚甲环唑水分散粒剂4000倍液、25%嘧菌酯悬浮剂1500倍液、77%氢氧化铜可湿性粉剂600倍液防治月季黑斑病，均有一定的防治效果。

发病期，推荐用32.5%苯醚甲环唑·嘧菌酯悬浮剂500倍液，75%肟菌·戊唑醇水分散粒剂500倍液，40%氟硅唑乳油800倍液，25%腈菌唑乳油800倍液，50%嘧菌酯水分散粒剂800倍液，75%百菌清可湿性粉剂1500倍液进行防治。为防止病原菌产生抗药性，要注意交替施用药剂。具体见表2-3。

表2-3 月季黑斑病化学防治推荐药剂和施用方法

时期	药品名	剂型	剂量	施用方法
预防期	1%福美砷	可湿性粉剂	100倍液	土壤消毒
	五氯酚钠	水溶液	200倍液	全植株以及种植地面喷雾
	石硫合剂	粉剂	2~4° Bé	全植株以及种植地面喷雾
发病初期	10%苯醚甲环唑	水分散粒剂	4000倍液	间隔7~10天喷一次，各农药交替施用
	25%嘧菌酯	悬浮剂	1500倍液	
	77%氢氧化铜	可湿性粉剂	600倍液	
发病期	32.5%苯醚甲环唑·嘧菌酯	悬浮剂	500倍液	间隔3~5天喷一次，共2~3次，各农药交替施用
	75%肟菌·戊唑醇（拿敌稳）	水分散粒剂	500倍液	
	40%氟硅唑	乳油	800倍液	
	25%腈菌唑	乳油	800倍液	
	50%嘧菌酯	水分散粒剂	800倍液	
	75%百菌清	可湿性粉剂	1500倍液	

第四节　月季霜霉病

一、致病菌

蔷薇霜霉菌（*Peronospora sparsa*）。

二、病原特征

月季霜霉病是一种专性寄生真菌病害，其病原物为霜霉目（Peronosporales）霜霉科（Peronosporaceae）霜霉属（*Peronospora*）蔷薇霜霉菌。蔷薇霜霉菌孢子囊梗为290μm × 8μm，垂直生出，基部膨大，梗顶端有分枝4~9个，孢子囊宽椭圆形，菌丝灰黄色，大小约为16.5μm × 14.0μm。

三、症状识别

月季的叶、新梢和花均可发病。植株被侵染后，初期叶上出现形状不规则的淡绿色斑块，中期叶面出现灰黄色的水渍状斑点，并逐渐扩展为病斑，变为黄褐色和暗紫色，最后为灰褐色，边缘较深，渐次扩大蔓延到健康的组织，无明显界限。在潮湿天气下，病叶背面可见到稀疏的灰白色霜霉层，有的病斑为紫红色，中心为灰白色，如同被化肥、农药烧灼状。新梢和花感染时，病斑相似，但梢上病斑略凹陷，严重时叶萎黄脱落，新梢腐败而死。

月季霜霉病叶片发病症状

四、发病及流行规律

夏季是月季霜霉病多发时期，设施栽培中适宜温度、湿度大于85%的环境都能诱发月季霜霉病，尤其在花枝现蕾以前的嫩枝状态更易发生霜霉病危害。蔷薇霜霉菌以卵孢子或菌丝体在病组织内越冬并侵染植物，分生孢子萌发温度1~25℃，最适萌发温度18℃，高于21℃萌发率降低，26℃以上完全不萌发且保持24小时孢子即死亡。孢子囊萌发最适温度10~25℃，侵入和扩展最适温度15~20℃，雨露或雾滴条件下孢囊梗和孢子囊产生快，游动孢子萌发，因而在气温低、相对湿度较高、植株表面存有水滴的情况下，病害易发生和蔓延。温室通风不良、植株过密、湿度高和氮肥过多时，病害较为严重。该病发病及传播速度快，是月季设施生产中的一种毁灭性病害。

红蜘蛛等虫害发生严重，或温室内温差发生较大变化，土壤过干等，易造成寄主细胞膨压下降，导致植株抗病能力降低。栽培基质中氮肥过多或钾肥、硼肥、钙肥等施用不足造成植株营养不均衡，会导致月季霜霉病的发生概率增加。

五、防治方法

选用抗性强的月季品种是栽培上防治月季霜霉病最经济有效的方法。农业防治和化学防治相结合，是控制月季霜霉病的主要措施。

（一）农业防治

控制种植密度、合理施肥、控氮肥，及时浇水，保持温室内合适的空气温、湿度及土壤湿度，适时修剪整形。零星发病时，及时剪除病梢及病叶集中烧毁，通过改善植株间距来保持通风透光。阳光寡照或阴雨天气，及时开闭温室天窗、侧窗，控制温度和湿度。特别是高温及阴雨天气交替时，应特别监测温室内环境，加强通风透光，夜间注意及时通风换气。

滴灌和上午浇水能抑制病害的发生。目前在生产上，低温时通过加温保暖，高温时采用开关天窗、侧窗通风换气、降温，以及控制湿度等措施防止月季霜霉病的发生与发展。

（二）化学防治

预防：霜霉病高发期生产上推荐采用65%代森铵2000倍液、58%代森锰锌或代森锰500倍液等进行预防，间隔7~10天喷施一次。

发病初期，推荐选用低毒、高效的生物农药喷洒，零星发病时选用25%甲霜灵或72%甲霜灵锰锌、65%代森锌、霜霉威盐酸盐、40%乙磷铝、烯酰吗啉等任一种药液喷施植株叶片。间隔5~7天喷一次，连续喷施3~4次，各种农药交替施用。具体见表2-4。

表2-4　月季霜霉病化学防治推荐药剂和施用方法

时期	药品名	剂型	剂量	施用方法
预防期	65%代森铵	可湿性粉剂	2000倍液	间隔7~10天喷施一次，各农药交替施用
	58%代森锰锌	可湿性粉剂	500倍液	
	40%百菌清	悬浮剂	750~800倍液	
发病期	25%甲霜灵	可湿性粉剂	750~800倍液	间隔5~7天喷施一次，共3~4次，各农药交替施用
	72%甲霜灵锰锌	可湿性粉剂	600~800倍液	
	65%代森锌	可湿性粉剂	800~1000倍液	
	霜霉威盐酸盐	水剂	1000~2000倍液	
	40%乙磷铝	可湿性粉剂	200~300倍液	
	25%嘧菌酯	悬浮剂	1000~1500倍液	
	10%霜脲氰	可湿性粉剂	5000倍液	

‘玛丽玫瑰’

第五节　月季锈病

一、致病菌

月季锈病由锈菌目（Uredinales）柄锈菌科（Pucciniaceae）多孢锈菌属（*Phragmidium*）的蔷薇多孢锈菌（*P. rosae-rugosae*）或玫瑰短尖多孢锈菌（*P. mucronatum* schtecht）等侵染引起。

二、病原特征

病菌产生 5 种类型的孢子，即性孢子、锈孢子、夏孢子、冬孢子，以及冬孢子萌发产生的担孢子。这些孢子都有不同的形态、功能和侵染传播能力。

三、症状识别

该病主要危害叶、叶柄和芽，也可危害枝梢、花萼和果，主要发生在芽和叶片上。春季受害叶片正面产生很小的橘黄色小疱，为病菌的性孢子器；稍后在叶片背面出现微隆起的橘黄色斑点，即锈孢子器，其成熟后突破表皮散放出橘红色的锈孢子堆，病斑外围常有褪色环圈。不久，在病叶背面又产生橘黄色的夏孢子粉堆。生长季后期，在形成夏孢子堆的部位又形成棕褐色至黑色的冬孢子小粉堆。植株受害部位常隆起或过度生长或呈畸形状，感病植株提早落叶，生长衰落。

四、发病及流行规律

病菌在病芽或发病部位越冬，或以冬孢子在枯枝病叶和落叶上越冬。该病菌为单主寄生锈菌，即生活史中的 5 个阶段都在同一寄主上发生。次年春季，冬孢子萌发产生担孢子，担孢子萌发侵入新叶形成初浸染。在生长季节，夏孢子借风雨传播，由气孔侵入，可发生多次再浸染。低洼、积水的种植地块在高温高湿环境下孢子繁殖更为迅速。

五、防治方法

选择抗锈病月季品种和无病母株是防治月季锈病的重要措施之一，在生产上注意加以推广和应用，对防治月季病害具有重要的作用。

在月季生产上，忌连作，要轮作，避免病菌随水流传播。在进行盆栽时，要及时换土。选择干燥肥沃的沙壤土种植，避免密植，保持植株通风透光。合理施肥，合理使用氮肥，使用充分腐熟的肥料以促进植物健壮生长。及时清除病残体，减少侵染来源，收集病残体，并集中销毁。在 3 月下旬至 4 月上旬检查，发现病芽要立即摘除。

药剂防治于早春修剪后，推荐喷洒 2~4° Bé 的石硫合剂，在 4 月上旬或 8 月下旬 2 次发病盛期前，喷药 1~2 次，可控制病害发展。发病期推荐使用 50% 代森锰锌 500 倍液、25% 粉锈宁（三唑酮）可湿性粉剂 1500 倍液或 0.2~0.4° Bé 石硫合剂，每隔 3~5 天喷一次，连喷 2~3 次，或用 20% 萎锈灵乳油 800 倍液，每隔 30 天喷一次，均可起到较好的防治效果。具体见表 2-5。

表2-5　月季锈病化学防治推荐药剂和施用方法

时期	药品名	剂型	剂量	施用方法
预防期	石硫合剂	粉剂	2~4° Bé	每隔10天左右施用一次
	50%百菌清	可湿性粉剂	600倍液	
发病期	50%代森锰锌	悬浮剂	500倍液	间隔3~5天喷一次，共2~3次，各农药交替施用
	25%粉锈宁	可湿性粉剂	1500倍液	
	石硫合剂	粉剂	0.2~0.4° Bé	
	20%萎锈灵	乳油	800倍液	每隔30天喷一次

‘蓝色梦想’

第六节 月季枯枝病

一、致病菌

伏克盾壳霉（*Coniothyrium fuckelii*）。

二、病原特征

伏克盾壳霉，又名蔷薇盾克霉，为球壳孢目（Sphaeropsidales）球壳孢科（Sphaeropsidaceae）盾壳霉属（*Coniothyrium*）真菌。有性态为盾壳霉小球腔菌（*Leptosphaeria coniothyrium*），属于囊菌门真菌。另一病原为温氏盾壳霉（*Cwenssdoffiae Laub*），有性态不明。分生孢子器初埋于寄主表皮下，后突破表皮开口外露。分生孢子器扁球形，单胞，无色，器壁黑色，直径 180~250μm。分生孢子近球形、短椭圆形或卵形，大小为（2.5~4.5）μm×（2.5~3.0）μm，有色。分生孢子梗短，无色。

三、症状识别

枯枝病又称茎溃疡病，主要危害月季和玫瑰。月季枯枝病仅侵染植株茎干和枝条，多发生在修剪枝条的伤口及嫁接处的茎上。该病在发病初期会出现淡红色或红紫色小斑点，随着病害加重，斑点逐渐扩展形成大的不规则病斑。病斑中心为深褐色，边缘为红褐色或紫褐色，稍向上凸起。病斑周围褐色和紫色的边缘与茎的绿色对比明显。发病后期，病菌分生孢子器在病斑中心呈现深褐色，边缘为红褐色或紫褐色，随着分生孢子器的增大，茎皮表面纵裂，该裂缝是月季枯枝病的重要特征。枯枝变黑褐色并向下蔓延，病部与健部交界处稍下陷，最终枯枝变成黄褐色，其上散生黑褐色小粒点，潮湿的病组织涌现出黑色孢子堆。发病严重时，病斑迅速环绕枝干，致使病部以上部分萎缩枯死。受黑斑病危害的月季更易感染枯枝病。

四、发病及流行规律

病菌以菌丝、分生孢子器或子囊壳在病株或病残体上越冬。次年春季，在潮湿环境下产生分生孢子或子囊孢子借风雨和水流传播，通过休眠芽和伤口（修剪、嫁接、插穗伤口等）侵入植株，成为初侵染源；生长季节和休眠期的植株修剪也是此病菌传播蔓延的重要途径。

该病菌最适宜的生存温度为 20~35℃，高湿干旱、管理粗放、过度修剪、生长衰弱的植株发病较为严重。发病时间多在 6—9 月。

月季感染枯枝病症状

五、防治方法

月季枯枝病防治应坚持“以农业防治为基础，其他防治措施并举”的原则。

（一）农业防治

晴天进行整形修剪，先用 10% 硫酸铜消毒剪口，再涂 1∶1∶150 倍波尔多液溶液，可减轻病原菌侵染；秋冬季及时剪除病枝和枯枝，远离园区集中深埋或烧毁，以减少园区菌源；适当密植和间伐，确保园区植株间通风良好。增施有机肥，保持园区土壤疏松，营养充足；适时浇灌，调节土壤湿度；提高植株光合速率，增强植株免疫力，可定期喷施叶面肥 600 倍液，每 7 天喷洒一次，连续喷施 2~3 次。

（二）生物防治

植株休眠期推荐用石硫合剂粉剂 2~4° Bé 进行全园喷施，根据发病情况喷施 2~3 次，植株和地面都要喷施。在植株病发前或发病初期，可用青枯立克 500 倍液，每 7 天喷施一次，连续 2 次；发病后期，可用青枯立克 300 倍液 + 大蒜油 750~1000 倍液， 每 3~5 天喷施一 次，连续 2 次。

（三）化学防治

在植株发病前或发病初期，推荐施用 50% 退菌特 700 倍液、50% 多菌灵 1000 倍液、75% 百菌清 600~1000 倍液、50% 托布津 500~1000 倍液等，可有效防治月季枯枝病。

发病后期，推荐用0.1%代森锌和0.1%苯来特混合液、50%多菌灵可湿性粉剂1000倍液、36%甲基硫菌灵500倍液、50%甲基硫菌灵·硫黄悬浮剂800倍液，50%混杀硫500倍液、50%苯菌灵1000~2000倍液等，每10~15天喷施一次，连续2~3次。同时喷施新高脂膜，可巩固防治效果。具体见表2-6。

表2-6　月季枯枝病化学防治推荐药剂和施用方法

时期	药品名	剂型	剂量	施用方法
发病前或发病初期	50%退菌特	可湿性粉剂	700倍液	每隔10天左右施用一次
	50%多菌灵	可湿性粉剂	1000倍液	
	75%百菌清	悬浮剂	600~1000倍液	
	50%托布津	可湿性粉剂	500~1000倍液	
发病后期	0.1%代森锌和0.1%苯来特混合液	可湿性粉剂	—	间隔10~15天喷施一次，共2~3次
	50%多菌灵	可湿性粉剂	1000倍液	
	36%甲基硫菌灵	悬浮剂	500倍液	
	50%甲基硫菌灵·硫黄	悬浮剂	800倍液	
	50%混杀硫	粉剂	500倍液	
	50%苯菌灵	可湿性粉剂	1000~2000倍液	

第七节　月季根癌病

一、致病菌

根癌土壤杆菌（*Agrobacterium tumefaciens*）。

二、病原特征

根癌土壤杆菌属于根瘤菌科（Rhizobiaceae）土壤杆菌属（*Agrobacterium*）。在MW平板上具有典型的根癌土壤杆菌菌落形态，菌落呈圆形突起，灰白色，有光泽，边缘整齐。

三、症状识别

根癌病主要发生在植株根颈处，也可发生在侧根、地面上的主干和侧枝上。发病时根部会出现大小不规则的结节状肿瘤。幼瘤为白色，质地软，表面光滑；长大后质地变硬，表面粗糙，变为褐色，肿瘤木质化可达几毫米。发病时植株生长不良，枝叶弱小，发黄早落，新芽萌发少，根系萌发少或只一侧长根。

月季（主杆）感染根癌病症状

四、发病及流行规律

病原菌通过伤口，如虫咬伤、机械损伤或嫁接口侵入，可通过水和土壤传播，寄主广泛。该病菌生存适温为25~30℃，在土壤中可存活一年以上，土壤偏碱性、高温高湿的条件易于发病。

五、防治方法

选用抗性强的月季品种是栽培上防治月季根癌病最经济、最简单的方法。购买月季种苗时应注意检查根系，发现病株立即销毁。植株定植前应将根与根颈处浸入500万~1000万单位的链霉素溶液中30分钟或1%硫酸铜液中5分钟进行消毒处理。对植株进行嫁接前，筛选健康的繁殖材料，对工具进行消毒处理，可用75%酒精或10%次氯酸钠溶液浸泡工具10~15分钟。栽培地应具有良好的排水系统，发现病株及时拔除集中销毁。

‘欢笑格鲁吉亚’

第八节　月季叶枯病

一、致病菌

玫瑰叶点霉（*Phyllosticta rosarum*）。

二、病原特征

菌落乳黄色，较紧实。分生孢子器球形或扁球形，器壁膜质，褐色，孔口圆形，暗褐色。产孢细胞瓶形，单孢、无色，大小为 (4~6)μm × (1.5~2)μm。分生孢子椭圆形，两端圆，单孢，无色，大小为 (3~5)μm × (2~3)μm。

三、症状识别

月季叶枯病主要为月季叶部病害，常引起苗圃、盆栽月季的叶片干枯脱落。病菌多从叶尖或叶缘侵入，初为黄色小点，以后迅速向内扩展为不规则大斑，严重受害的全叶干枯达 2/3，病部褪绿黄化，变为褐色并干枯脱落，有时叶表生稀疏的黑色小点。

四、发病及流行规律

病菌以分生孢子和菌丝体在病组织、病残体及土壤中越冬，翌春产生分生孢子，靠风雨传播，由伤口侵入，进行初侵染，以叶片边缘危害重。秋季老叶发病重，多年留茬植株发病重，气温在 20℃以上的多雨季节发病重，栽植过密、管理粗放的植株发病重，7—9 月高温、高湿时发病重。

五、防治方法

（一）农业防治

选用抗病品种；收获后清除病残体，病田轮作，减少菌源基数；合理密植，改善通风透光条件，避免偏施氮肥，合理增施充分腐熟的有机肥和磷、钾肥，增强月季对病害的抵抗力；忌大水漫灌。

（二）化学防治

推荐用 80% 戊唑醇可湿性粉剂 8g+50% 多菌灵可湿性粉剂 800 倍液 + 适量磷酸二氢钾兑水喷雾防治，每隔 7~10 天喷药一次，共喷 2~3 次。

蚜虫是月季叶枯病病菌传播的主要因素之一，推荐用 80% 戊唑醇可湿性粉剂 8g+10% 吡虫啉 1000 倍液 + 适量磷酸二氢钾兑水喷雾防治。具体见表 2-7。

表2-7 月季叶枯病化学防治推荐药剂和施用方法

时期	药品名	剂型	剂量	施用方法
预防期	40%百菌清	悬浮剂	750~800倍液	间隔7~10天喷施一次
	75%百菌清	悬浮剂	600~800倍液	
发病期	25%多菌灵	可湿性粉剂	500倍液	间隔7~10天喷一次，共2~3次，各农药交替施用
	80%戊唑醇可湿性粉剂8g+50%多菌灵可湿性粉剂800倍液+适量磷酸二氢钾			
	80%戊唑醇可湿性粉剂8g+10%吡虫啉1000倍液+适量磷酸二氢钾			

 ‘沃勒顿老庄园’

第九节　月季炭疽病

一、致病菌

炭疽菌属（*Colletotrichum*），其中胶孢炭疽菌（*C. gloeosporioides*）是炭疽菌属种类最多的一个种，另外还有一个新种暹罗炭疽菌（*C. siamense*）。

二、病原特征

具分生孢子盘及少量黑褐色刚毛，分生孢子椭圆形，但比杜鹃炭疽病菌分生孢子稍长。

三、症状识别

首先为害叶片、枝梢、果实，也为害花及果梗。叶片发病一般分缓慢型（叶枯型）和急性型（叶斑型）两种。缓慢型多发作于老熟叶片和潜叶蛾等构成的创伤处，树状月季干旱时节发作较多，病叶掉落较慢。病斑多出现在叶缘或叶尖，近圆形或不规则形，浅灰褐色，边际褐色，与健康部位界线非常明显。后期或天气干燥时病斑中部干燥，褪为灰白色，外表密生稍突起排成同心轮纹状的小黑粒点。急性型首要发作在雨后高温时节的幼嫩叶片上，病叶腐朽，很快掉落。多从叶缘和叶尖或沿主脉出现淡青色或暗褐色小斑，似开水烫坏状。随后快速扩展成水渍状波纹大斑块，病部多呈“V”形。

枝梢症状有两种：一种是由枝梢顶端向下扩展，病部褐色，最终枯死，枯死部位与健康部位分界明显；另一种发作在枝梢中部，从叶柄基部腋芽处开始，病斑初为淡褐色椭圆形，后扩展为长梭形。当病斑环枝梢 1 周时，病梢即干枯。

花瓣发病，变褐腐朽，引起落花。果梗受害初时褪绿呈淡黄色，之后变褐、干燥、呈枯蒂状，果实随之掉落。树状月季幼果发病，初为暗绿色油渍状不规则病斑，后扩展至全果，病斑凹陷，变为黑色，果实成为僵果挂在树上。大果症状有干疤型、泪痕型和腐朽型三种。苗木受害，多从茎干离地上 6~9cm 处或嫁接口处开始出现不规则的深褐色病斑，导致枝条干枯。

四、发病及流行规律

病原菌在病部越冬，第 2 年温、湿度适宜时借风雨或昆虫传播。一般于春梢生长后期开始发病，夏秋梢期盛发，高温多湿条件下发病重。

五、防治方法

（一）紧急办法：重剪，并与化学防治相结合

重剪，将一切枝条短截剪除后集中焚毁，并当即全面喷药（包含植株和地面），连续喷药 3 次，每隔 5 天一次。有用的药剂有咪鲜胺、炭特灵、退菌特、斯诺克等。之后，在新梢抽出时喷施大生 M-45，每隔 10 天一次，共施 2 次。

（二）长期办法：以防为主，综合防治

加强培养管理，培养强壮树势。及时开深沟扫除渍水。增施磷、钾肥和有机肥，避免偏施氮肥。避免虫害、冻害、日灼和机械损害，降低含盐量等，使植物生长强健。冬季剪除病叶、病枝，清除落叶、病果，并集中焚毁，减少病原。

每次抽梢期喷药 1~2 次防治，推荐药剂有：50% 退菌特可湿性粉剂 800 倍液、1∶1∶200 波尔多液、70% 代森锰锌可湿性粉剂 700 倍液、50% 甲基托布津可湿性粉剂 600~800 倍液等。具体见表 2-8。

表2-8　月季炭疽病化学防治推荐药剂和施用方法

时期	药品名	剂型	剂量	施用方法
预防期	石硫合剂	粉剂	0.8~1° Bé	每隔10天左右施用一次
	50%百菌清	可湿性粉剂	600倍液	
发病期	50%退菌特	可湿性粉剂	800倍液	间隔3~5天喷一次，共2~3 次，各农药交替施用
	波尔多液	悬浮剂	1:1:200	
	70%代森锰锌	可湿性粉剂	700倍液	
	50%甲基托布津	可湿性粉剂	600~800倍液	

第十节 月季花叶病

一、致病菌

蔷薇花叶病毒（Rose Mosaic Virus，RMV）。

二、病原特征

蔷薇花叶病毒，属李坏死环斑病毒组。病毒粒体球形，直径约 25nm。含沉降系数分别为 90S、98S 和 113S 的不同组分。病毒致死温度 64℃，室温时，体外存活期为 6 小时。

三、症状识别

受害植株的叶片上会出现不规则的褪绿淡黄色斑块。由 RMV 引起的花叶典型症状为沿小叶中脉褪绿且局部组织畸形或呈现似栎叶的花斑，也可能形成不规则的线形花纹或斑块。花色常比正常的色淡。有些品种受害后常伴随生长减弱或矮化，叶片变小，在生长旺盛的枝条顶端出现扭梢或盲梢。整个生长季均可表现症状，但常在春季头批新梢或重剪后长出的嫩梢上表现出重症。

月季感染花叶病症状

四、发病及流行规律

月季常以扦插和嫁接等方式进行无性繁殖，若使用了病株的插条、接穗或用其作砧木，会引起病害的广泛传播。用病株作无性繁殖的母株是病害逐年增加的主要原因。气温 10~20℃、光照强、土壤干旱或植株生长衰弱利于显症和扩展。

五、防治方法

农业防治和化学防治相结合，是控制月季花叶病的主要措施。

（一）因地制宜，避免用感病月季做繁殖材料

茎株处理：提倡使用脱毒组培苗，注意采用无病接穗和砧木作繁殖材料。繁殖前把茎株置于 38℃下处理 4 周。

（二）农业防治

规范月季的栽培管理措施是预防花叶病的关键之一。发现病株应立即拔除和烧毁。生长季节需防治传毒媒介，如蚜虫、木虱等。

（三）化学防治

发病初期推荐喷洒生物制剂好普（20% 氨基寡糖水剂）500~800 倍液（每 5~7 天喷一次，连喷 3 次），也可喷洒 5% 菌毒清（甘氨酸取代衍生物）可湿性粉剂 400~500 倍液、0.5% 抗毒剂 1 号水剂 300 倍液、20% 毒克星可湿性粉剂 500 倍液、20% 病毒宁水溶性粉剂 500 倍液、3.85% 病毒必克可湿性粉剂 700 倍液。具体见表 2-9。

表2-9　月季花叶病化学防治推荐药剂和施用方法

药品名	剂型	剂量	施用方法
好普（20%氨基寡糖）	水剂	500~800倍液	每隔5~7天进行一次，连续3次
5%菌毒清（甘氨酸取代衍生物）	可湿性粉剂	400~500倍液	
0.5%抗毒剂1号	水剂	300倍液	
20%毒克星	可湿性粉剂	500倍液	
20%病毒宁	水溶性粉剂	500倍液	
3.85%病毒必克	可湿性粉剂	700倍液	

第十一节　玫瑰丛簇病

一、致病菌

玫瑰丛簇病毒（Rose rosette virus）。

二、病原特征

玫瑰丛簇病毒是一种球形颗粒，为有包膜的反义 RNA 病毒，属于埃马拉病毒（Emaravirus）。该病毒的传播载体果叶刺瘿螨（*Phyllocoptes fructiphilus*）体形微小，长 140~170μm，宽约 43μm，淡黄色。

三、症状识别

玫瑰丛簇病的症状是高度可变的，取决于品种。症状包括新梢迅速伸长，随后发展为巫婆扫帚状或小枝成簇。叶片畸形、扭曲，会有明显的红色色素沉着现象（红色色素沉着非一致的症状）。在感染的植株上，叶片的红色不会消失，而在健康植株上，新叶的红色通常会随着叶片成熟而消失。染病后，枝条过度生长呈螺旋状，伴有红色或绿色的软刺（最后变硬）。患病枝条比健康枝条更粗。花瓣变少，花色斑驳。某些品种的症状表现为茎变黑，节间距离缩短，嫩枝不开花，也可能表现出对白粉病的敏感性增加。受感染的植株通常在 1~2 年死亡。

四、发病及流行规律

该疾病主要是由果叶刺瘿螨或嫁接传播。3 月初越冬螨开始活动，迁移至新梢及花穗上为害，3—5 月为害最重。瘿螨能借风、苗木、昆虫、农械等传播蔓延。其发生与气候条件、植株生长环境及天敌有密切的关系，其中温、湿度是主要因素。气温在 24~30℃，空气相对湿度为 60% 条件下的果叶刺瘿螨个数及发病率明显高于高相对湿度（95%）和低相对湿度（20%）；高相对湿度下发病率明显高于低相对湿度。

虽然玫瑰丛簇病毒无法通过土壤传播，但病原体在被感染的植物中是系统性的，病毒可能会残留在土壤中的根块中。

五、防治方法

可以尝试培育具抗病性的品种。

（一）农业防治

控制植物间距，适当的间距会使螨虫更难在植物间移动。反复剪除病枝和过密枝条，将受侵染植株集中焚烧，及时清除病残体。

（二）化学防治

目前尚无针对玫瑰丛簇病的药剂，只能针对传播媒介瘿螨施加药剂，以尽可能阻断病毒传播。可使用“软杀虫剂”，如轻园艺油、硫黄、肥皂等，或投放天敌。具体见表 2-10。

表2-10　玫瑰丛簇病化学防治推荐药剂和施用方法

药品名	剂型	剂量	施用方法
95%矿物油	乳油	每亩300~450mL	喷雾
乙螨唑（110g/L）	悬浮剂	5000~6000倍液	喷雾
20%哒螨灵	可湿性粉剂	2000~2500倍液	喷雾
28%唑螨酯	悬浮剂	10000~15000倍液	喷雾
5%阿维菌素	乳油	5000~8000倍液	喷雾
0.5%藜芦胺	可溶液剂	600~800倍液	喷雾

‘果汁阳台’

第十二节　根结线虫病

一、病原

根结线虫（*Meloidogyne* spp.）。

二、病原特征

根结线虫属于垫刃目（Tylenchida）异皮科（Heteroderidae）根结线虫属（*Meloidogyne*）。在我国危害最严重的是南方根结线虫（*M.incognita*）、爪哇根结线虫（*M.javanica*）、花生根结线虫（*M.arenaria*）和北方根结线虫（*M.hapla*）。根结线虫成虫雌雄异型，雌虫膨大呈梨形，前端尖，乳白色，尾部退化。雄虫呈线状，圆筒形，无色透明，尾部短而钝圆，呈指状。雄虫体长 1000~2000μm，体表环纹清晰，侧线多为 4 条。4 龄和 3 龄幼虫膨大呈囊状，有尾突。2 龄幼虫呈线状，无色透明，并在尾部有明显的透明区，尖端狭窄，外观呈不规则状。卵呈长椭圆形或肾脏形，大小为（12~86）μm×（34~44）μm。

三、症状识别

根结线虫仅危害月季根部，其中侧根和须根最易受害。受害植株根部明显肿大，形成根结。侧根和须根形成许多单生小结瘤，结瘤初期色淡光滑，后变褐色粗糙。严重感病的植株根系会变短，侧根和根毛较少。受害植株地上部分一般症状表现不明显，严重的会生长不良，植株呈现缺水萎蔫状，切花产量、质量下降。

四、发病及流行规律

根结线虫营两性或孤雌生殖，从单细胞卵发育至雌虫成熟产卵一般为 25~30 天，在土壤温度 25~30℃、持水量 40% 左右时发育最适宜，幼虫一般在 10℃以下时停止活动。露地条件下根结线虫病在 6—9 月发生较多，设施条件下环境适宜则根结线虫一年可发生 10 代。

根结线虫以 2 龄幼虫或越冬卵在土中越冬，等待第二年环境适宜时侵入寄主根部，定居于根内的中柱和皮层中，引起根的膨大最终形成根结。成虫产卵于胶质卵囊，卵囊常裸露于根结外。1 龄幼虫在卵内孵化，2 龄幼虫侵染植物或在土内越冬。根结线虫主动传播距离有限，主要通过水或黏附在农具上的土壤等传播。

五、防治方法

选用抗病品种是防治根结线虫病最经济的方法。

（一）农业防治

实行轮作，因禾本科植物不发生根结线虫病，所以最好与禾本科植物轮作。土壤翻耕也可有效减少虫源，因根结线虫活动性不强，土层越深、透气性越差越不利于线虫生活，表层土壤深翻后，大量虫瘿被翻到底层，可消灭一部分越冬虫源。栽培管理上要彻底处理病株残体，深埋或集中烧毁。

（二）化学防治

具体可以参考表 2-11。为防止病原菌产生抗药性，要注意药剂的交替施用。

表 2-11　月季根结线虫病化学防治推荐药剂和施用方法

药品名	剂型	剂量	施用方法
5%噻唑膦	可溶液剂	每亩1500~2000mL	灌根
0.5%阿维菌素	颗粒剂	每亩3000~3500g	沟施、穴施
0.3%印楝素	水分散粒剂	600~800倍液	灌根
2%噻虫嗪	颗粒剂	每亩500~650g	穴施
淡紫拟青霉（2亿孢子/g）	粉剂	每亩1500~2000g	穴施
厚孢轮枝菌（25亿孢子/g）	微粒剂	每亩175~250g	穴施
35%威百亩	水剂	每亩4000~6000g	沟施

CHAPTER 3

月季生理性病害

第一节　月季缺素症

缺素症状及防治

月季在生长季节长势旺盛，开花不断，对各种营养元素需求较大。由于栽培基质（土壤）中某些元素缺乏或 pH 值异常导致植物对部分元素吸收不畅，使得体内某些元素缺乏，从而引发生理性病害。

1. 缺氮

症状：植株生长缓慢。叶片细小直立、叶色浅绿，严重时呈淡黄色，失绿的叶片色泽均一，一般不出现斑点或花斑。缺氮首先表现在老叶上，局部发展到上部幼叶。

防治方法：及时喷施 0.2%~0.3% 的尿素溶液 1~2 次。追施尿素和稀薄的有机肥混合液。施肥要少量多次。

月季缺氮症状

2. 缺磷

症状：植株矮小、瘦弱、直立，根系不发达，新生枝条纤细。叶小、新叶展开慢。叶片为暗绿色或灰绿色，缺乏光泽。情况较重时茎叶上出现紫红色斑点或条纹，严重时叶片会枯死脱落。症状一般从基部老叶开始，逐渐向新叶扩展。

防治方法：叶面喷施 0.3%~0.5% 的磷酸二氢钾缓和症状，栽培土壤追施磷酸二氢钾、硫酸镁，同时混施少量有机肥。露地栽培可浅埋过磷酸钙（避免接触根系），每株 8~10g。

3. 缺钾

症状：植株成熟叶的叶尖和叶缘干枯变黄、变褐，似灼烧状。叶片上出现褐色斑点或斑块，但叶中部和叶脉仍保持绿色。严重时叶片逐渐坏死脱落。老叶上先出现症状，逐渐向新叶扩展。严重时，症状会沿植株向上蔓延，上部新叶软弱无力，叶尖发黄下垂，植株仿佛缺水，补水后症状得不到改善。

防治方法：叶面喷施 0.01%~0.02% 硫酸钾缓和症状。追施 0.04%~0.05% 硫酸钾与有机肥，薄肥勤施。

月季缺钾症状

4. 缺钙

症状：幼叶较小，叶缘卷曲，易形成连体叶，叶柄扭曲。成熟叶呈现灰绿色、暗紫色或棕色，叶缘下垂，新芽褐变坏死。

防治方法：可喷施 0.02%~0.03% 氯化钙或硝酸钙。应追施 0.04%~0.06% 硫酸钙与

0.04%~0.06% 硫酸镁的混合液，使钙离子、镁离子在交换中很快被根系吸收。

5. 缺镁

症状：初期叶脉之间出现斑点状缺绿，后期形成暗褐色或紫红色死斑，逐渐扩展到整枚叶片，严重时整枚叶片死亡脱落，月季全株出现黄化现象。症状首先在下部成熟叶表现出来，随后波及上部幼叶。

防治方法：喷施 0.04%~0.06% 硫酸镁和 0.04%~0.06% 磷酸二氢钾溶液；追施 0.04%~0.06% 硫酸镁，可添加有机肥，利于根系对镁的吸收。镁是很多元素的促进剂，可适时补充。

6. 缺铁

症状：植株上部幼叶叶脉呈绿色，叶脉之间缺绿严重。严重时，嫩叶开始失绿变红，老叶失绿变白，侧枝生长发育不良，花茎纤细脆弱。

防治方法：根治缺铁症可追施 0.02%~0.03% 硫酸亚铁与 0.04%~0.05% 硫酸镁的混合液，如配合有机肥施入则效果更明显。已受害的叶片喷施硫酸亚铁也无法恢复原本的叶色，只有等到新的嫩叶再现。

月季缺铁症状

7. 缺铜

症状：首先幼叶先端黄化、卷曲，不久后枯死。顶芽枯死，腋芽生长。

防治方法：施基肥时施入硫酸铜，生长季节叶面喷施 0.01% 硫酸铜溶液，也可使用波尔多液 1~2 次，既能防病，又能补充铜元素。

8. 缺锰

症状：叶脉之间产生淡黄色或黄色失绿现象，只有叶脉残留一些绿色，侧芽生长不良导致花芽败育。

防治方法：施有机肥时分期施入氧化锰、氯化锰和硫酸锰等。也可叶面喷施，喷施时可加入半量或等量石灰。

9. 缺硼

症状：顶芽枯萎、焦化，生长点坏死，失去顶端优势，侧芽萌发成短小脆弱的侧枝。节间缩短，叶片或花瓣扭曲变形。

防治方法：发现植株封顶枯萎，应及时追施 0.02%~0.03% 硼砂（用 60℃热水溶解）与 0.04%~0.06% 磷酸二氢钾的混合剂。地栽月季平常要施用有机肥，减少硼的固定和流失，提高土壤供硼量。无土栽培中应定时补充硼肥。

10. 缺锌

症状：下部成熟叶的叶缘呈紫铜色，然后扩展至叶心，出现紫红色斑点。新枝先端纤细，叶片较小，质硬而脆，出现棕干枯斑，呈不规则状，叶柄向下弯曲成螺旋状，严重时叶片死亡。

防治方法：浇灌 0.04%~0.06% 硫酸亚铁与有机肥溶液，降低土壤的 pH 值，叶面喷施 0.01%~0.02% 硫酸锌。

第二节　月季盐害

一、危害症状

土壤中盐分太高，会导致月季植株生长受阻。化学肥料的大量投入，使得矿质元素不能被月季完全吸收，破坏土壤团粒结构中各种物质的比例，造成土壤板结盐渍化。在种植行内及两侧发现干燥的土壤表面呈白色或红色，浇水后消失，随着土壤逐渐干燥，红白霜又会出现，出现这种情况，说明土壤的盐碱含量已经很高了。土壤盐渍化不仅会导致月季吸水困难，植株营养吸收失衡，同时还会破坏土壤的理化性质，不利于团粒结构的形成，使土壤更加板结，其中的微生物减少，元素间的拮抗更严重，抑制月季根系发育和对养分、水分的吸收。

二、盐害的预防及调节方法

筛选耐盐品种。引用盐碱不超标的水灌溉浸泡盐碱土壤，灌水的水面要高出土壤20cm，一般3~5天进行一次，共3次左右。使用盐碱改良剂，如草炭。增施有机肥，增加土壤中的腐殖质，有利于形成团粒结构。科学施肥。

土壤盐碱化

月季种植苗期、产花期土壤盐碱化危害

第三节　月季日灼病

一、危害症状

月季日灼病可发作于枝、叶和花朵。日高温超过 35℃时，植株严重脱水，最容易遭受日灼病为害。在日照强烈的环境下，特别是露天种植的月季，枝梢的嫩叶和刚刚成熟的叶片、叶尖普遍灼焦、灼黑，腋芽也有不同程度受害，导致植株出现严重的封顶现象，生长暂时停止。

二、防治办法

选育抗日灼病品种，培育合理树冠，使枝干不裸露于直射阳光下。做好花期调控。适时修剪，高温季节避开生殖生长阶段。加强土壤改良和培肥管理，使月季根深叶茂。遇晨雾高温气候于午前喷水。

月季叶片灼伤症状

第四节　月季冷害和冻害

一、危害症状

月季虽然耐寒，但那是处于落叶状态下，在长新叶的春季或是秋末冬初时容易出现冷害和冻害，尤其是南方地区温室栽培夜间温度短时低于5℃时也会产生冷害和冻害。月季新梢受到冻害会变软下垂，花朵中心变黑；低于0℃受冻，会导致花器官组织坏死，生长停滞。

月季受低温冷害症状

月季受低温冻害症状

二、防治办法

露地防治只要做好防寒保暖措施即可，把植物移到冷风吹不到的地方。秋末冬初时可以向叶片喷1~2次磷酸二氢钾水溶液增强抗寒性。如果叶片已经冻伤，可以剪掉。温室防控需关注天气状况，温室内配有保温膜和遮阴网的，夜间展开保温内膜和遮阴网，保温的同时也可防范霜冻。

第五节 月季药害

一、危害症状

月季药害，是指使用农药的浓度过高造成的伤害。当月季处于快速生长期的时候，如果打药浓度过高，新叶容易出现畸形，或者出现颜色不均匀的色斑；有时也会出现嫩叶叶尖和叶缘褪色发白，甚至干枯或发黑的现象。老叶表现为叶尖干枯。如果是在夏季或入秋时节，月季的嫩叶长出后，会很快成熟，当农药的浓度过高后，大多数会表现出叶片边缘部位干枯、发黄，或者叶片上出现散布的枯死斑点。还有一种药害是比较极端的，主要由于药的浓度过高，或者在天气热的时候使用了一些乳油类的药物，造成了严重的灼伤，会直接表现为大面积叶片失水枯萎。

除草剂的误用或误喷会影响植株的正常生长，严重的会导致植株死亡。在月季生长期喷施除草剂会导致严重后果，最初表现为：生长成型的叶片组织坏死，叶片逐渐发黄或呈现浅紫红色；未发育成型的叶片停止生长或畸形生长。随着时间的推移，嫩枝和叶片逐渐坏死、发黄枯萎，最后干枯脱落。

误喷和误用除草剂的危害症状

二、预防措施

对于月季药害，应该以预防为主，因为药害是不可逆的。预防药害主要从以下 4 个方面入手。

1. 严格按要求配比

每一种农药，不同的生产厂家配比的浓度可能不同，在使用的时候，一定要按照产品说明来稀释。

2. 选择适合的药品

药品的选择上也有讲究，比如在温度高的季节，像石硫合剂和一些乳油类的药就不要用了，非常容易出现药害，这是由药物本身特性决定的。

3. 选择恰当的打药时间

一般宜在早晨或傍晚打药，一定不要在中午或天气还比较热的时候打药，尤其是夏天，不然太阳暴晒极易发生药害。

4. 打药后不要出现缺水

打药之后一定要注意，如果盆土缺水的话，也很容易引起药害。

三、药害缓解

月季发生药害后要及时将植株移到阴凉、具有散射光的通风处，并对叶片喷洒大量清水，或者用芸苔素喷洒叶片缓解药害。值得注意的是，千万不要因为产生药害就把叶片全剪了，因为残留的叶片还是可以进行光合作用的。

如果是轻微的药害，一般不需要特别处理，等植株自己生长代谢就行。如果药害比较严重，造成很多叶片枯萎，就必须采取补救措施，如可以适当追施一点含有腐殖酸的肥料，给植株提供能量，激发其潜能来帮助月季渡过难关。

除草剂药害的缓解可采取修剪、遮阴、清水灌溉等措施防止死苗。误用或误喷药剂后及时修剪清除地上部分枝叶，连续多次清水灌溉避免植株根部受损。

CHAPTER 4 月季主要虫害

第一节 月季长管蚜

一、学名

月季长管蚜（*Macrosiphum roswomm* Zhang），属同翅目（Homoptera）蚜科（Aphididae）。

二、寄主及危害

月季长管蚜广泛分布于我国的东北、华北、华中、华东等地区，寄主植物包括月季、野蔷薇、玫瑰等，是危害园林植物最严重的害虫之一。常以若蚜、成蚜群集于新梢、嫩叶和花蕾上为害，受害的嫩叶和花蕾生长停滞，不易伸展，还常因害虫排泄物黏附叶片，影响观赏价值。严重时诱发煤污病，造成植株死亡。

月季长管蚜危害

三、形态特征

虫体长卵形，长 3~4 mm，土黄色至淡棕色，有时呈橙红色，若蚜较成蚜色浅。营孤雌生殖，分有翅胎生雌蚜和无翅胎生雌蚜二型。

无翅孤雌蚜：体形较大，长卵形，长约 4.2mm，宽约 1.4mm。头部土黄色或浅绿色，胸腹部草绿色，有时橙红色。体表光滑，缘瘤圆形，位于前胸及第 2~5 腹节。头部额瘤隆起，并明显地向外突出呈“W”形。喙粗大，多毛，达中足基节，腹管黑色，长圆筒形，长度约为尾片的 2.5 倍。尾片圆锥形，淡色。

有翅孤雌蚜：体长约 3.5mm，宽约 1.3mm。体稍带草绿色，中胸土黄色，腹部各节有中斑、侧斑、缘斑，第 8 节有大而宽的横带斑。腹管长为尾片的 2 倍，末端有网纹。尾片长圆锥形，中部收缩，端部稍凹。尾板圆馒头形，有毛 14~16 根。其余特征与无翅孤雌蚜相似。

若蚜：初孵若蚜体长约 1 mm，初为白绿色，渐变为淡黄绿色或橙红色，复眼红色。

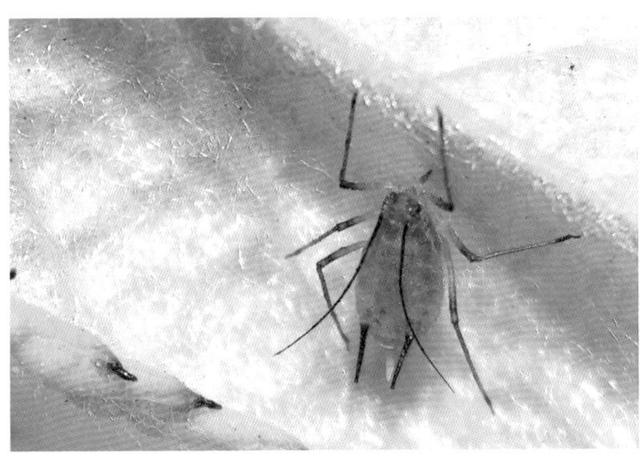

无翅孤雌蚜

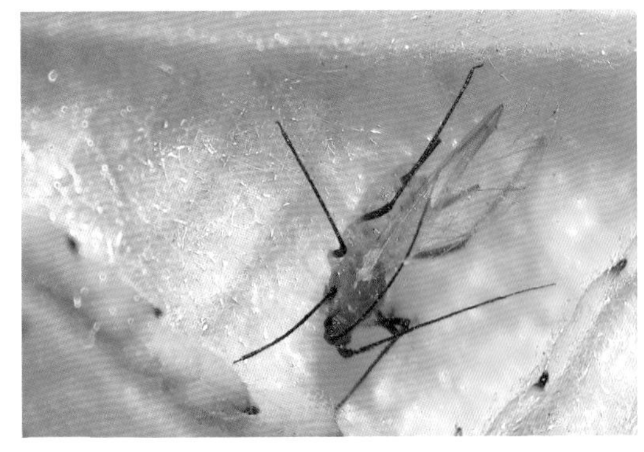

有翅孤雌蚜

绿色若蚜

橙红色若蚜

四、发生规律

1 年发生 10~20 代，以成蚜和若蚜在枝梢上越冬。春季月季萌发后，越冬成蚜在新梢嫩叶上繁殖，从 4 月上旬起开始危害嫩梢、花蕾及叶片（反面），有时可盖满一层。4 月中旬起有翅蚜陆续发生，被害株率和虫口密度均明显上升。5 月中旬是第一次繁殖高峰。7—8 月高温时此虫不适应，虫口密度下降。9—10 月发生量又增多。平均气温 20℃左右，气候又比较干燥时，利于此蚜的生长、繁殖，易造成严重危害。

五、防治方法

（一）消灭虫源

将温室清理干净，秋后 10 月下旬至 11 月上旬剪除距离地面 10~15cm 以上的所有茎干，烧毁。枝条休眠期喷施石硫合剂，消灭越冬虫源。条件合适时田间套种孔雀草和韭菜等植物抑制蚜虫种群增长。

（二）物理防治

用银灰膜驱蚜。将银灰膜条间隔铺设在苗床作业道上和苗床四周，应在播种或移苗前进行。田间或温室挂黄色粘虫板诱蚜。

（三）生物防治

利用蚜茧蜂、瓢虫、食蚜蝇、草蛉、蜘蛛、食蚜绒螨等天敌防治；或利用使蚜虫致病的蚜霉菌、球孢白僵菌等微生物防治。

（四）化学防治

应定期观察害虫，并适时喷药防治。通常施药时机应选在植物萌芽期、月季长管蚜的发生初期和越冬卵的孵化高峰期。当月季长管蚜大量发生时，重点喷药部位是生长点和叶片背面。根施乙酰甲胺磷等内吸性药剂，可有效防治蚜虫和其他害虫。推荐使用除虫菊素、苦参碱等生物农药和烯啶虫胺、三氟苯嘧啶等低毒农药（见表4-1）。

表4-1　月季长管蚜药剂防治方法

药剂名称	剂量	剂型	施用方法
20%啶虫脒	2000~2500倍液	可溶性液剂	兑水全株均匀喷雾，施药量以叶片正反面均匀着药，稍有药滴落下为止；可进行多种农药复配施用以免产生抗性
1.5%除虫菊素	1000倍液	水乳剂	
0.3%苦参碱	1000倍液	水剂	
10%烯啶虫胺	4000倍液	水剂	
10%三氟苯嘧啶	1000~1500倍液	悬浮剂	

第二节 二斑叶螨

一、学名

二斑叶螨（*Tetranychus urticae* Koch），属蜱螨目（Acarina）叶螨科（Tetranychidae）。

二、寄主及危害

二斑叶螨寄主广泛，为害花卉、果树、蔬菜和温室栽培作物等多达50余科800多种植物，常见的有月季、草莓、茄子、黄瓜、番茄等，是月季上主要害螨之一。

二斑叶螨成螨、若螨均可产生为害，一般从月季植株下部的叶片开始为害，然后向上蔓延至上部的叶片，且具有很强的结网群集特性，甚至结网将全叶覆盖并罗织到叶柄，在植株间搭接，并借此爬行扩散。二斑叶螨多在月季叶背栖息为害，若螨取食叶背的叶肉细胞，成螨则以植株幼嫩部位为食。初期受害叶片叶柄主脉两侧出现大量针头大小失绿的黄褐色小点，后期出现灰白色或枯黄色的细小斑，嫩叶则皱缩、扭曲以致变形。随着危害加剧，叶片变成灰白色或暗褐色，少数叶片失绿变硬，似火烤状，严重影响叶片光合作用正常进行，致使叶片焦枯提早脱落，造成植株生长不良、花叶畸形、落叶褪色、抽枝发芽迟缓等。

初始下部叶危害症状

转移至上部叶及花危害症状

三、形态特征

二斑叶螨的发育经过卵、幼螨、第一若螨、第二若螨和成螨5个时期。

卵：圆球形，有光泽，直径0.1mm，初产时无色，后变成淡黄色或红黄色，临孵化前出现2个红色眼点。

幼螨：半球形，淡黄色或黄绿色，足3对，眼红色，体背上无斑或斑不明显。

若螨：椭圆形，黄绿色或深绿色，足4对，眼红色，体背上有2个斑点。

成螨：体色多变，在不同寄主植物上表现的体色有所不同，有浓绿色、褐绿色、橙红色、锈红色、橙黄色，一般常为橙黄色和褐绿色。雌成螨椭圆形，体长 0.45~0.55mm，宽 0.30~0.35mm，前端近圆形，腹末较尖，足及颚体白色，体躯两侧各有 1 个褐斑，其外侧三裂，呈横“山”字形，背毛 13 对。雄成螨身体略小近卵圆形，体长 0.35~0.40mm，宽 0.20~0.25mm，淡黄色或黄绿色，体末端尖削，背毛 13 对，阳茎端锤十分微小，两侧的突起尖锐，长度约等。

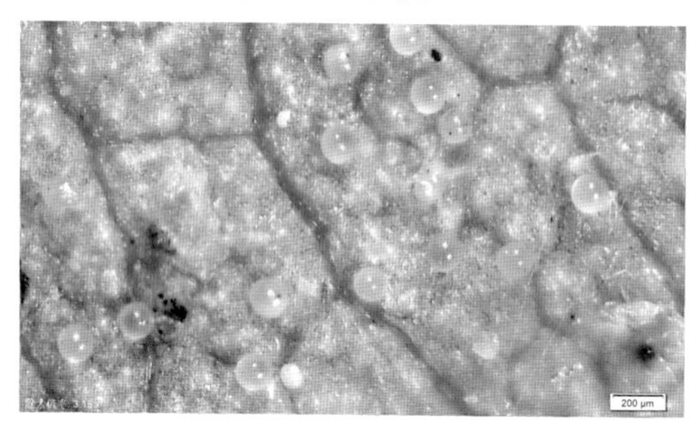

二斑叶螨卵

二斑叶螨幼螨

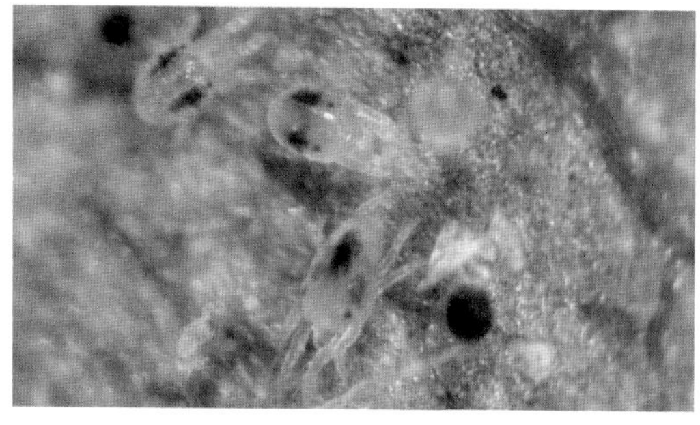

二斑叶螨若螨

二斑叶螨成螨（宗欣语　摄）

四、发生规律

二斑叶螨主要营两性生殖，亦有孤雌生殖。在两性生殖中，雌雄比趋于 3 ∶ 1。营孤雌生殖所产生的下一代全为雄性个体。平均单雌产卵量为 100 粒，最多可达 900 粒。以受精雌成螨滞育来度过不良环境，温度、光周期和寄主营养是影响其滞育的主要因素。

二斑叶螨繁殖速度快，世代历期短，从卵到成螨 30 天左右，每年有 15~20 代，世代重叠严重。在不同地域、不同气候条件下，其发生高峰存在差异。以三门峡市为例，二斑叶螨 1 年发生 15 代，在 3 月下旬雌成螨出蛰，于 7 月上、中旬进入全年发生盛期，11 月后进入越冬滞育。但在贵州地区，二斑叶螨周年皆可危害。自早春开始，在 4—5 月到达高峰，5 月之后虫口密度开始回落，7—8 月高温阶段数量较少，9—10 月又开始大量繁殖，虫口数量大幅回升，危害加重。在深圳地区，10 月到次年 5 月均有发生，在干旱少雨季节发生严重。

五、防治方法

温室栽培的月季，多数虫害能终年发生，应勤查、勤治。加强田间管理，科学管理水肥，塑造理想株型，弱化二斑叶螨的适宜生存环境。为避免抗药性的产生，建议不要单一多次使用杀螨剂，应根据虫情掌握防治适期，选择对植物、天敌安全且对害虫效果好的农药。

（一）园艺措施防治

苗圃露地栽培月季的二斑叶螨越冬场所主要为木本寄主植物、虫枝枯叶、杂草及土壤。一是要及时修剪虫枝、病枝和病叶，清除落叶杂草。二是要及时、集中处理病残枝叶。田间操作中应将病残枝叶集中收集，并及时集中烧毁或进行灭虫处理。三是在切花采收后，应及时清洁田园，降低虫口基数。

（二）物理防治

可在二斑叶螨潜伏期进行灌溉灭虫，或在该期间拍打植株，将螨振落后再进行灌水，使其陷入淤泥而死亡。还可安装喷灌设施，最好能常喷水于叶片背部，并在白天高温低湿时进行喷雾，以达到降温增湿的目的，显著减少二斑叶螨的发生。

（三）生物防治

二斑叶螨的自然天敌种类繁多，可分为寄生性天敌和捕食性天敌两大类。寄生性天敌主要是各种病毒和菌类，捕食性天敌包括捕食性螨类和捕食性昆虫，如捕食螨、小花蝽、食螨瓢虫、蓟马、草蛉等 10 多种。田间释放天敌，当益、害虫比例为 1∶50 时，可有效控制二斑叶螨危害。在月季种植中常用的人工释放天敌有库姆卡丝植绥螨、智利小植绥螨、巴氏钝绥螨和胡瓜钝绥螨等。目前，智利小植绥螨被认为是最有效的防控天敌，在田间应用最广泛。

（四）药剂防治

科学选择杀螨剂，遵循"杀卵杀虫相结合，速效和持效相结合"的用药策略，避免"滥打药"+"乱打药"，及时更换农药。防治主要是在田间看到二斑叶螨有 5 头 / 叶以上时或在 6 月高温天气来临，二斑叶螨爆发期之前，用药物进行提前防治。推荐药剂：联苯肼酯、乙唑螨腈、丁醚脲、乙螨唑、植物油助剂、螺螨酯、丙溴磷、阿维菌素等（见表 4-2）。

表4-2　二斑叶螨药剂防治方法

药剂名称	剂量	剂型	施用方法及注意事项
43%联苯肼酯	2500～4000倍液	悬浮剂	间隔20天使用，每种作物每年最多施用4次，同时与其他作用机制杀螨剂交替使用
24%螺螨酯	4000～5000倍液	悬浮剂	药剂兑水喷雾时，要尽可能叶片正反两面喷雾均匀
25%丁醚脲	1500倍液	悬浮剂	兑水施用，晴天中午喷施
50%丙溴磷	1000～1500倍液	乳油	在修剪后喷施效果最好，遇植株生长时期，嫩叶时忌用丙溴磷。丙溴磷主要对成虫效果好，但对花损伤比较大，忌用
10%阿维·达螨灵	1000～1500倍液	乳油	兑水全株均匀喷雾，施药量以叶片正反面均匀着药，稍有药滴落下为止
20%乙螨唑	5000～7500倍液	悬浮剂	害螨危害初期兑水稀释全株喷施

第三节　史氏始叶螨

一、学名

史氏始叶螨（*Eotetranychus smithi* Pritchard et Baker），属真螨目（Acariformes）叶螨科（Tetranychidae）始叶螨属。

二、寄主及危害

国内主要分布于江苏、陕西、浙江、江西、四川、广东、广西等地，国外主要分布于日本、美国，是主要的花卉害螨。寄主除月季外，尚有胡桃、板栗、桑、茅毒、悬钩子、蜜腺悬钩子、高粱泡、蔷薇、野葡萄、石灰花楸、枇杷、拳参、构等。国外记载除危害攀缘蔷薇、悬钩子、葡萄外，还危害棉花。成螨、若螨在叶片反面为害，结丝网，先为害下部叶片，随后逐渐向上扩展。受害叶片上起初出现白色小斑点或白色斑块，之后逐渐变成红紫色的焦斑，最后叶片呈褐色，干枯脱落。

史氏始叶螨危害初期

史氏始叶螨危害盛期

三、形态特征

成螨雌螨体长 0.4~0.5mm，宽 0.26mm，椭圆形，红色，体侧各有黑斑，足及颚体部呈白色。须肢端感器较粗壮，长为宽的 1.5 倍，顶端圆钝。雄螨体长 0.25~0.30mm，宽 0.11mm，体形、体色与雌螨相似。须肢端感器柱形，长约为宽的 2 倍，端部稍突；背感器杆状，长约为端感器的 3/5。足跗节爪间突呈一对粗壮的爪状，其背、腹侧各具细毛。

卵产于主脉与侧脉附近，散产。初产卵无色透明，后为浅黄色。孵化前 1~2 天出现红色眼点，孵化后仅剩下白色空卵壳。

幼螨具 3 对足，体色浅，带有极浅的绿色，似透明。第一若螨至第二若螨体色加深，带有棕红色，行动活跃。第二静止期蜕皮为红色雌成螨。

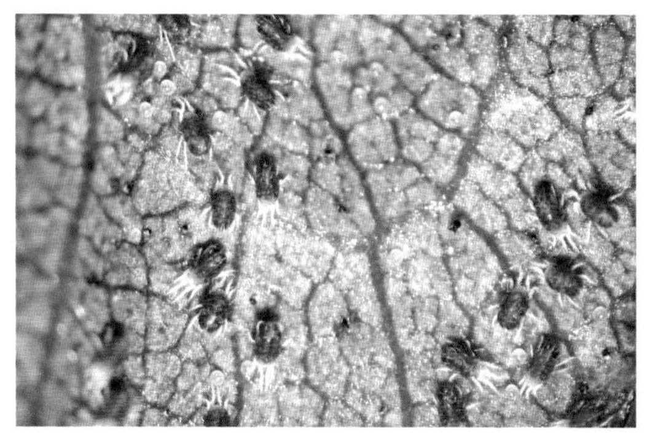

史氏始叶螨成螨

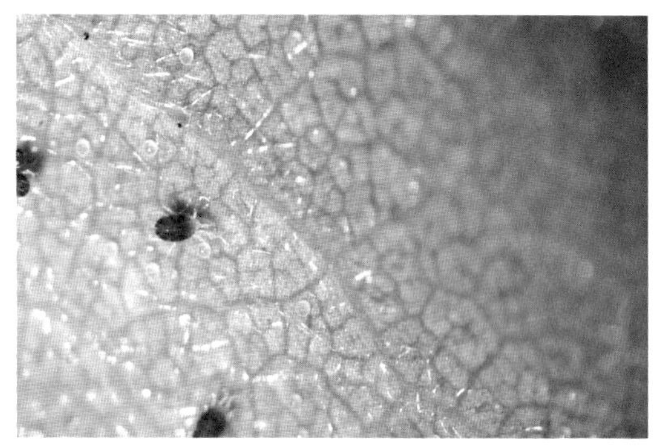

史氏始叶螨卵

四、发生规律

史氏始叶螨以卵或受精的雌成虫在树皮缝隙或土壤下越冬，次年 5 月初到 10 月底，在月季上连续造成危害（部分温室可常年危害）。尤其在 7—8 月天气连续干旱和气温较高时，虫口数量迅速增多，如果连续几天阴雨，虫口数量会显著下降。主要在叶背面为害，有吐丝结网习性。卵多产在叶背面上脉两侧及丝网上，可通过有性繁殖，也可孤雌生殖。繁殖能力极强，一年可达 10 余代，多则 20~30 代。在高温干旱的条件下，繁殖迅速。气温 20~30℃最适宜，5 天左右即可繁殖一代，世代重叠。

五、防治方法

及时检查叶面、叶背，最好借助放大镜进行观察，发现叶螨在较多叶片为害时，应及早喷药。这是防治早期为害，控制后期猖獗的关键。

去除病虫枝及清除杂草，集中烧毁，发病时灌水以消灭越冬虫源。夏季螨量不影响树木生长时，可喷清水冲洗。保护天敌，如瓢虫、草蛉等。

使用化学药剂防治，虫害发生严重时，推荐使用阿维菌素、哒螨灵、丁醚脲等药剂喷雾防治（见表 4-3）。禁用菊酯类农药，它对螨类防治效果差且会刺激生殖。

表4-3　史氏始叶螨药剂防治方法

药剂名称	剂型	浓度	施用方法
1.8%阿维菌素	乳油	7000~9000倍液	兑水全株均匀喷雾，施药量以叶片正反面均匀着药，稍有药滴落下为止
15%哒螨灵	乳油	2500~3000倍液	
50%丁醚脲	悬浮剂	900~1200倍液	
29%螺螨酯	悬浮剂	4800~7200倍液	
13%唑酯·炔螨特	水乳剂	1000~1500倍液	

第四节 蔷薇叶蜂

一、学名

蔷薇叶蜂（*Arge pagana* Panzer），属膜翅目（Hymenoptera）三节叶蜂科（Argidae），别名月季叶蜂、蔷薇三节叶蜂、玫瑰三节叶蜂。

二、寄主及危害

蔷薇叶蜂主要寄主为月季、蔷薇、黄刺玫、十姐妹、玫瑰、榔榆、刺梨、多花蔷薇、野蔷薇等园林植物。幼虫取食叶片，仅残留主脉或叶柄。成虫产卵于嫩枝进而形成棱形伤口而不能愈合，使得枝条极易风折枯死，严重影响植株生长、开花。

蔷薇叶蜂幼虫取食叶片

蔷薇叶蜂成虫嫩枝产卵

蔷薇叶蜂干枯的产卵槽（刘书　摄）

三、形态特征

蔷薇叶蜂的发育会经过卵、幼虫、蛹和成虫 4 个时期。

卵：长圆形，长约 1mm，宽约 0.8mm，初产时乳白色，逐渐变为浅黄色，近孵化时带绿色，能透见黑色眼点。

幼虫：共 5 龄，1~4 龄幼虫头部黑褐色，胸、腹部绿色；5 龄幼虫头部红褐色。老熟幼虫体长约 22mm，头部橘红色，胸、腹部

蔷薇叶蜂卵

黄色或橙黄色，臀板黑色并着生细小刚毛。中胸至腹部第 8 节背面各有 3 横列黑色毛瘤，每列 6 个，其余各节有 1~2 列毛瘤。腹部第 2~8 节气门下方各有 1 块较大的黑色毛瘤。

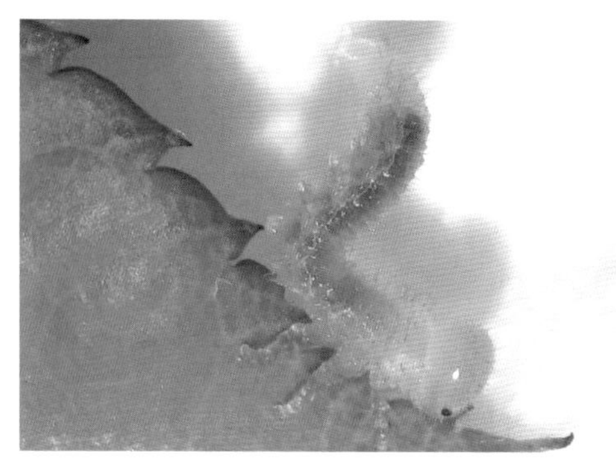

蔷薇叶蜂低龄幼虫和高龄幼虫（刘书 摄）

蛹：幼虫结茧化蛹，蛹茧椭圆形，长 9~10mm，宽 5~6mm，分为 2 层，外层麻袋网眼状，内层质地致密。蛹体长 7~9mm，黄白色。复眼黑色，单眼突出，淡褐色。翅芽短，达中足腿节。后足末端达第 6 腹节。近羽化时体色同成虫。

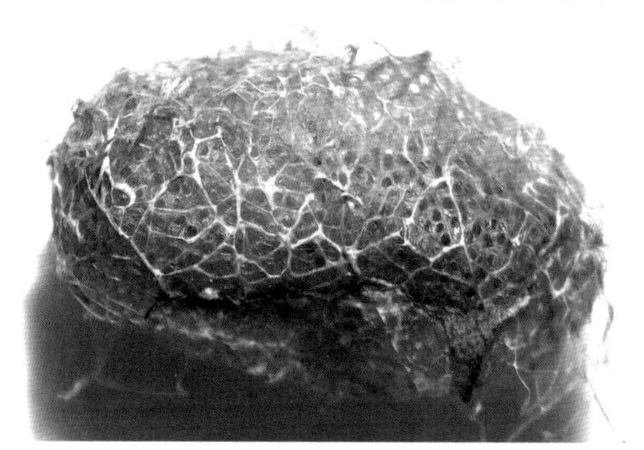

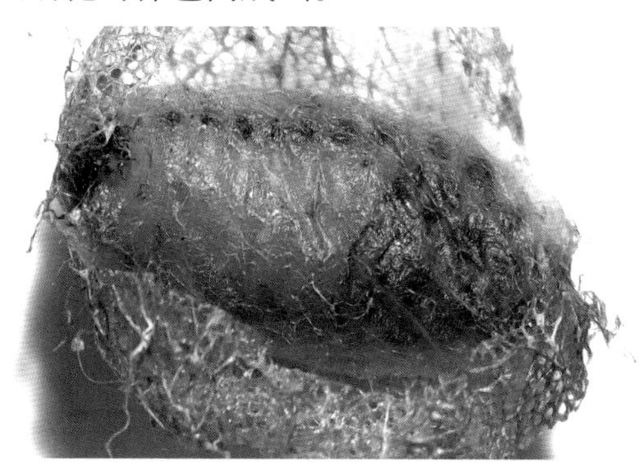

蔷薇叶蜂蛹外观和剖开图

蔷薇叶蜂成虫

成虫：体长 6~8mm，翅展 14~19mm，雄虫略比雌虫小。头、触角、足均为蓝黑色。触角 3 节黑色，丝状，上生有绒毛，第 1、2 节短，第 3 节长，第 3 节长约为第 1、2 节长之和的 6 倍。中胸背面具“X”形凹陷。翅黑色，半透明。腹部红黄色，背面中央有由胸腹交界处向后延伸的舌状黑斑。各足胫节端部有 2 距。

四、发生规律

蔷薇叶蜂每年发生 1~8 代，武汉、南京地区 1 年 4 代。9—10 月，老熟幼虫在土中做茧越冬。次年 4—5 月化蛹，5 月间成虫羽化。雌成虫产卵时用锯状产卵管在寄主新梢上刺成纵向裂口，呈“八”字形双行排列，经 3~5 天产卵痕外露清晰可见。每只雌蜂产卵 30~40 粒，卵期约 1 周。初孵幼虫群集到附近叶片上为害，严重时将叶片吃光，仅剩叶柄和叶脉。残留的产卵痕导致新梢几乎完全破裂，易倒折。

五、防治方法

（一）人工防治

结合花木抚育，冬季翻耕土壤，消灭越冬幼虫，降低越冬基数；在成虫产卵盛期及时剪除产卵枝梢；幼虫发生期摘除有虫枝叶。

（二）药剂防治

在低龄幼虫期，选择施用化学药剂可以取得较好的防治效果，推荐使用绿色农药 Bt 制剂、烟碱、苦参碱、甲氨基阿维菌素苯甲酸盐和菊酯类、双酰胺类等杀虫剂（见表 4-4）。

表4-4 蔷薇叶蜂药剂防治方法

<table>
<tr><th>药剂名称</th><th>剂量</th><th>剂型</th><th>施用方法</th></tr>
<tr><td>5%甲氨基阿维菌素苯甲酸盐</td><td>7500~10000倍液</td><td>微乳剂</td><td rowspan="5">在幼虫盛发期兑水高浓度喷洒施用，也可在尚未分散的3龄期，用最高浓度喷洒已坠地但是尚未结茧的老熟幼虫。此外，还可在孵化前期在产卵痕上涂抹药液杀死初孵幼虫</td></tr>
<tr><td>30%氯虫苯甲酰胺</td><td>1500~2500倍液</td><td>悬浮剂</td></tr>
<tr><td>2.5%溴氰菊酯</td><td>3000倍液</td><td>悬浮剂</td></tr>
<tr><td>4.5%高效氯氰菊酯</td><td>1500~2000倍液</td><td>微乳剂</td></tr>
<tr><td>1.2%烟·参碱</td><td>1000倍液</td><td>乳油</td></tr>
</table>

第五节　月季茎蜂

一、学名

月季茎蜂（*Neosyrista similis* Moscary），属膜翅目（Hymenoptera）茎蜂科（Cephidae）。

二、寄主及危害

月季茎蜂，又名蔷薇茎蜂、玫瑰茎蜂、月季钻心虫、月季折梢虫等，是为害月季的主要蛀干害虫之一。它除了为害月季，还为害蔷薇、玫瑰、黄刺玫等，主要分布在华北、华中、西北、西南和华东地区。

主要以幼虫为害，幼虫在茎的髓部蛀食，破坏茎的输导组织，使水分、营养物质的运输受阻，造成受害枝条折断、萎蔫、枯死、基部萌蘖增多、嫩梢变黑下垂、顶端凋谢，严重影响植株生长和开花，降低观赏价值。

三、形态特征

月季茎蜂的发育历期包括卵、幼虫、蛹和成虫 4 个阶段。

卵：略呈肾形，乳白色，前端较大、钝圆，后端略细、有短柄，卵粒长径约 1.8mm，短径最宽处约 0.8mm，卵柄长约 0.3mm。

幼虫：老熟幼虫体长 15~18mm，乳白色，头部浅黄色，胸部稍隆起，足退化，各体节侧面突出，形成扁平的侧缘，体末端有一褐色尾刺。上唇与上颚暗褐色。胸足退化呈 3 对很小的突起。腹部 10 节，各腹节两侧下方突出成扁平侧缘，腹板上各有 2 条横沟，形成 3 个皱起，同扁平侧缘共起腹足作用；腹末臀板下，肛上片突伸呈 1 骨化锥状突起、黄褐色，周生许多小齿突。

裸蛹：体长 15~18mm，蛹体初乳白色，复眼棕红色，近羽化时体呈黑色，腹部 1~3 节有黄斑。

成虫：体长 16~17mm，翅展 22~23mm，体黑色，翅茶色，半透明触角丝状，基节淡黄色，其余黑色，单眼 3 个，淡黄色，复眼前下方各有一长圆形黄斑，上唇两侧黄色，后胸背板后缘中央有一三角形淡黄斑；腹部 1~3 节背板两侧各有一黄斑，第 8 节后缘两侧各有一短刺，中间尾刺长 1mm，腹部侧扁；雌蜂尾部中央有一纵沟，产卵器呈不规则锯齿状。

四、发生规律

1 年发生 1 代，以幼虫在被害枝条内越冬。河北省任丘地区次年 4 月上旬开始活动，从枝条钻出，转蛀新枝，先在木质部与韧皮部之间环食 1 周，再沿髓部向上蛀食，被害枝叶枯萎折断；4 月下旬老熟幼虫在新梢内化蛹；5 月上、中旬成虫羽化，刚羽化的成虫，在茎部咬一圆形小孔爬出，休息片刻，即可进行短距离飞行和产卵。卵多产在当年生枝条嫩梢和含苞待放的花梗上，也可产在叶片表面及茎干处。成虫产卵前，先用锯状产卵器在枝梢上锯 1~3 道“∧”型产卵痕，卵仅产于下边一道卵痕之中，1 枝 1 粒卵，每只雌虫可产卵 500 粒以上；5 月下旬幼虫孵化，从嫩梢蛀入髓部，沿着髓部逐渐向下蛀食为害，把髓部蛀空后，用虫粪与木屑填满虫道，粪便不向外排出，当蛀食到基部茎节分叉点时，少数能穿过茎节继续向下蛀食直达根部，造成次年植株根部萌蘖增多，萌出的枝条细弱，多数则不能穿过茎节而向上返回。幼虫可多次转移枝梢为害，到 11 月后幼虫就在被害枝条内做一薄茧在茎内越冬，部位在离基部分枝点 20cm 以内或地下茎内的空洞中。

五、防治方法

（一）加强养护处理

在生长季节随时剪除受害萎蔫或倒折的枝条（剪至茎髓部无蛀道为止）并集中烧毁，消灭里面的幼虫及虫卵，此法是防治月季茎蜂最有效的方法。

（二）合理配置植物

月季茎蜂的成虫不善于长距离飞行，种植设计时植物类型可多样化，以便形成四周的天然隔离带，阻止其蔓延传播。

（三）冬剪时发现带虫的枝条一定要彻底消灭

剪掉带虫的枝条，并把里面的幼虫拦腰剪断杀死。如果发现虫体已蛀入根部，可用注射器向蛀孔内注射 50 倍液的 6% 吡虫啉乳油 5~10mL，并立即用泥土封固，毒杀残存的幼虫，并将剪除的枝条及时烧掉。

（四）选用抗虫品种

分枝点低的曼海姆月季比分枝点高的杂花月季抗虫性好，经更新复壮的月季比老月季抗虫性好，重瓣丰花月季较抗此虫。

（五）注意保护金小蜂等寄生蜂天敌

月季茎蜂的天敌很多，把幼虫期剪的带虫枝放在纱笼内，挂于月季种植处，小寄生蜂飞出去再寄生其他月季茎蜂的幼虫，寄生率常达 50% 以上。

（六）药剂防治

主要在越冬代成虫羽化初期和卵孵化期进行防治，见表 4-5。

表4-5　月季茎蜂药剂防治方法

药剂名称	浓度	剂型	施用方法
6%吡虫啉	50倍液	乳油	蛀孔注射
30%噻虫嗪	67.5~90g/hm^2	悬浮剂	
2.5%溴氰菊酯	2500~5000倍液	乳油	喷雾
4.5%高效氯氰菊酯	1500~2000倍液	乳油	

第六节　西花蓟马

一、学名

西花蓟马（*Frankliniella occidentalis* Pergande），属缨翅目（Thysanoptera）蓟马科（Thripidae）花蓟马属（*Frankliniella*）。

二、寄主及危害

蓟马是缨翅目昆虫的统称，其种类很多。西花蓟马寄主范围广，包括花卉（月季、兰花、菊花等）、蔬菜、棉花等经济作物，已知寄主种类多达 500 余种。该虫多隐藏于花蕊或叶背，靠吸取植物汁液及花粉为生。用锉吸式口器取食月季的嫩茎、叶、花（花粉、花子房）汁液，使月季的嫩叶、嫩枝皱缩影响光合作用；花瓣褪色、失绿发干、发脆，造成花朵畸形、发育受阻。还可导致叶、花等出现伤痕，长势缓慢，最终致使植株枯萎。该虫还能传播病毒病。

西花蓟马危害症状

三、形态特征

西花蓟马的发育经过卵、若虫、预蛹、蛹和成虫 5 个阶段。

卵：卵长 0.2mm，产于叶表皮下，初为白色，肾形，即将孵化时眼点呈红色。

若虫：若虫期多为 2 龄，初孵 1 龄若虫乳白色，后为淡黄色。2 龄若虫淡黄色至黄色。

预蛹：行动迟缓，触角为鞘囊状，短而向前，复眼小，无单眼，翅芽外露。

蛹：触角长且弯向头背后，出现单眼，翅芽增大为约 200 μm，不透明，肾形。

成虫：雄成虫体长 1~1.15mm，体形较小，体黄色，腹部第 3~7 腹板前部有小的横椭圆形腺室。雌成虫体长 1.4~1.7mm，体色淡黄色至褐色，触角 8 节，腹部第 8 节有梳状毛；头宽略大于头长，单眼间鬃 1 对，很长，位于前后单眼外连线的内侧，复眼后鬃 6 对，从内向外第 4 对鬃最长，约与单眼间鬃等长。前胸背板有 4 对长鬃，分别位于前缘、左右前角各 1 对，左右后角 2 对，后缘中央有 5 对鬃，从中央向外第 2 对鬃最长。前翅淡黄色，上脉鬃 18~21 根，下脉鬃 13~16 根，排列均匀完整。

四、发生规律

西花蓟马产卵于月季花、叶或嫩茎组织内。若虫危害叶背，成虫则迁移至花中危害。成虫活跃、善飞能跳、怕光，在适宜条件下，成虫的产卵量可达 200 多粒。西花蓟马个体细小，极具隐匿性，田间防治难以有效控制。在北方冬季主要以成虫在温室内越冬，一年可连续发生 10~15 代；在南方温度较适宜时可全年发生为害，无明显越冬现象。雌虫行两性生殖和孤雌生殖两种方式。在 15~35℃均能发育，从卵到成虫只需 14 天，在适宜寄主植物上，发育迅速且繁殖能力极强。

切花运输及人工携带是西花蓟马远距离传播的主要方式。该虫易随风飘散，易随衣服、运输工具等携带传播。

五、防治方法

西花蓟马的防治应统筹兼顾，综合防控。

（一）农业防治

及时清园，彻底铲除杂草、残株并集中烧毁、掩埋处理，以减少园区内虫口基数。设施内，可利用夏季高温进行闷棚处理，方法是将棚内所有残株、杂草连根拔出，闭棚 7~10 天，最后用硫黄粉熏蒸。加强苗期管理，育苗前清理育苗环境，加强隔离，定植前进行净苗处理，以减少定植时的虫口基数。定植后加强监测，以花、叶背为重点监测位置，若发现该虫危害，及时防治。加强田间管理和高压喷灌，促使植株健壮生长，增强自身抵抗能力，有效预防西花蓟马侵害。

（二）物理防治

西花蓟马具有很强的趋蓝性，在其发生时，每亩可悬挂蓝板30片（25cm×30cm），最佳悬挂高度与植株生长点基本一致，同时，在蓝板上涂抹聚集信息素，可有效提高诱集数量。

（三）生物防治

在月季设施（温室、大棚）栽培中，释放小花蝽、捕食螨、寄生蜂等天敌，可完全控制其为害。

（四）药剂防治

目前用于防治西花蓟马的有效药剂较少，可用乙基多杀菌素、甲氨基阿维菌素苯甲酸盐、噻虫嗪、虫螨腈、唑虫酰胺、苦参碱和金龟子绿僵菌等药剂进行防治（见表4-6）。建议多种药剂交替使用，以削弱其抗药性。

表4-6　西花蓟马药剂防治方法

药剂名称	剂型	浓度	施用方法
6%乙基多杀菌素	悬浮剂	1000~2000倍液	兑水全株均匀喷雾，每10~15天喷施一次，连续2~3次
5%甲氨基阿维菌素苯甲酸盐	微乳剂	1000倍液	
10%虫螨腈	乳油	2000倍液	
16%啶虫·氟酰脲	悬浮剂	1000~2000倍液	
60%呋虫胺·氟啶虫酰胺	水分散粒剂	5000~10000倍液	

第七节　蔷薇白轮盾蚧

一、学名

蔷薇白轮盾蚧(*Aulacaspis rosae* Bouché),属同翅目(Homoptera)盾蚧科(Diaspididae)。

二、寄主及危害

蔷薇白轮盾蚧主要分布在上海、江苏、浙江、江西、福建、四川、云南、广西、北京、安徽等地，除危害月季外，还能危害蔷薇、玫瑰、黄刺玫、苏铁等，以若虫和雌成虫固着在枝干上吸取汁液为害，被害部变为褐色。发生严重时，整个枝干布满蚧体，树势衰弱，植株抽条，甚至枯死。

三、形态特征

蔷薇白轮盾蚧的发育经过卵、若虫和成虫 3 个时期。

卵：长径约 0.16mm，紫红色，长椭圆形。

若虫：初龄若虫，体橙红色，椭圆形。其上分泌有白色蜡丝。触角 5 节，端节最长。腹末有 1 对长毛。

成虫：雌虫直径 2.0~2.4mm。初为黄色，后变为橙色，蚧壳灰白色，近圆形，有 2 个壳点，第 1 壳点淡褐色，靠近蚧壳边缘，叠于第 2 壳点之上；第 2 壳点黑褐色，近蚧壳中心。雄成虫体长约 1.2mm，宽约 1.0mm，头胸部膨大，头缘突明显，中胸处较宽。后胸和臀前腹节侧缘呈瓣状突出，初期橙黄色，后期紫红色。

四、发生规律

蔷薇白轮盾蚧一年发生 2~3 代，以受精雌成虫和 2 龄若虫在枝干处越冬。次年 4 月上中旬开始活动，一般将卵产于壳下，孵化盛期在 5 月上中旬和 8 月中下旬。成虫、若虫常群集于二年生以上枝干或皮层裂缝处危害，发生严重时可被一层白色絮状物。若虫孵化后从蚧壳下爬出并在枝干上缓慢爬行，蜕皮后固定危害。有世代重叠现象。

五、防治方法

（一）加强植物检疫工作

蔷薇白轮盾蚧会随着苗木传播，因此在引进苗木时，调运苗木的有关单位（个人）要主动申请检疫，在取得植物检疫证书后，再调运苗木。严禁将带有病、虫、草害的苗木进行调进和调出，以防止蔷薇白轮盾蚧等病虫害的传播与蔓延。

（二）栽培管理

在栽植花木时，应尽可能地避免因栽植过密而造成高湿环境形成。对已经定植的月季等花木，要经常性地开展检查工作。发现有蔷薇白轮盾蚧危害时，可立即对其进行人工处理。如可在冬季和早春时，结合修剪，人工剪除带有害虫的、枯死的或细弱的枝叶。除此以外，对剪除下来的受害枝叶，要集中进行烧毁，或者深埋，以有效灭除虫源。

（三）药剂防治

在蔷薇白轮盾蚧危害比较严重时，可通过喷施化学农药或生物农药等方法进行防治（见表 4-7）。一般情况下，在蔷薇白轮盾蚧若虫的孵化高峰期，或者是虫体无蜡粉，而蚧壳还未形成之前，时间在若虫孵化盛期后的一周左右，喷洒药剂，效果会较好。

表4-7　蔷薇白轮盾蚧药剂防治方法

药剂名称	剂量	剂型	施用方法
0.3%高渗阿维菌素	2000~3000倍液	乳油	向有虫的部位喷施，隔7~10天喷施一次
95%矿物油	100~200倍液	乳油	
25%噻虫嗪	4000~5000倍液	水分散粒剂	
22.4%螺虫乙酯	4000~5000倍液	悬浮剂	
15%噻嗪酮+15%毒死蜱	1200倍液	乳油	

第八节　铜绿丽金龟、黑绒金龟子

一、学名

铜绿丽金龟（*Anomala corpulenta* Motschulsky），属鞘翅目（Coleoptera）金龟总科（Scarabaeoidea）丽金龟科（Rutelidae）。

黑绒金龟子（*Serica orientalis* Motscchulsky），属鞘翅目（Coleoptera）金龟总科（Scarabaeoidea）鳃金龟科（Melolonthidae）。

二、寄主及危害

铜绿丽金龟在我国分布广泛，除新疆、西藏尚未发现，其他各地均有分布。在长江中下游地区发生普遍，尤其是江苏、安徽、山东等省受其危害严重。成虫、幼虫均能为害，以幼虫为害最重。主要是以幼虫在土壤中取食，咬断根茎、根系，使植株枯死，且伤口易被病菌侵入，造成植物病害。成虫取食叶片，为害多种林木和果树。

黑绒金龟子分布广泛，主要出现在我国江苏、浙江、黑龙江、吉林、辽宁、湖南、福建、河北、内蒙古、山东、广东等地。寄主有牡丹、桑、桃、月季、芍药等。成虫食性杂，主要啃食幼叶和花朵。幼虫咬食幼根，影响植株的生长发育。

三、形态特征

2 种金龟子的发育都要经过卵、幼虫、蛹和成虫 4 个时期。

（一）铜绿丽金龟

卵：初产时卵椭圆形，乳白色，长 1.65~1.93mm，宽 1.30~1.45mm。孵化前呈圆形，长 2.37~2.62mm，宽 2.06~2.28mm。卵壳表面光滑。

幼虫：体长 30~33mm。头部前顶刚毛每侧 6~8 根，成一纵列。额中侧毛每侧 2~4 根。肛腹片后部覆毛区中间的刺毛列由长针状刺毛组成，每侧多为 15~18 根。

蛹：长椭圆形，土黄色。体长 18~22mm，宽 9.6~10.3mm，体稍弯曲。臀板腹面，雄蛹有四裂的瘤状突起，雌蛹较平坦无瘤状突起。

成虫：体长 15~21mm，宽 8~11.3mm，体背铜绿色有金属光泽。复眼黑色；唇基褐绿色且前缘上卷；前胸背板及鞘翅侧缘黄褐色或褐色；触角 9 节；有膜状缘的前胸背板，前缘弧状内弯，侧、后缘弧形外弯，前角锐后角钝，密布刻点。鞘翅黄铜绿色且纵隆脊略见，合缝隆明显。雄虫腹面棕黄色，密生细毛，雌虫腹面乳白色且末节横带棕黄色；臀板黑斑近三角形；足黄褐色，胫、跗节深褐色，前足胫节外侧 2 齿、内侧 1 棘刺。初羽化成虫前翅淡白色，后逐渐变化。

（二）黑绒金龟子

卵：长 1mm，椭圆形，乳白色，孵化前变褐色。

幼虫：老熟时体长 16~20mm。头黄褐色。体弯曲，污白色，全体有黄褐色刚毛。胸足 3 对，后足最长。腹部末节腹毛区中央有笔尖形空隙呈双峰状，腹毛区后缘有 12~26 根长而稍扁的刺毛，排列呈弧形。

蛹：长 6~9mm，黄褐色至黑褐色，腹末有臀棘 1 对。

成虫：体长 7~8mm，宽 4~5mm，略呈短豆形。背面隆起，全体黑褐色，被灰色或黑紫色绒毛，有光泽。触角黑色，鳃叶状，10 节，柄节膨大，上生 3~5 根刚毛。前胸背板及翅脉外侧均具缘毛。两端翅上均有 9 条隆起线。前足胫节有 2 齿；后足胫节细长，其端部内侧有沟状凹陷。

四、发生规律

（一）铜绿丽金龟

1 年发生 1 代，以 2 龄或 3 龄幼虫在土中越冬。次年 4 月越冬幼虫开始活动为害，5 月下旬至 6 月上旬化蛹，6—7 月为成虫活动期，直到 9 月上旬停止。成虫具趋光性及假死性，昼伏夜出，白天隐伏于地被物或表土，出土后在寄主上交尾、产卵。寿命约 30 天。在气温 25℃以上、相对湿度为 70%~80% 时为活动适宜环境，为害较严重。将卵散产于根系附近 5~6cm 深的土壤中，卵期 10 天。7—8 月为幼虫活动高峰期，10—11 月进入越冬期。雨量充沛的条件下成虫羽化出土较早，盛发期提前，一般南方的发生期比北方早月余。

（二）黑绒金龟子

1 年发生 1 代。成虫在土中越冬。次年 4 月中下旬至 5 月上旬，成虫出土啃食嫩叶、花瓣。5 月至 6 月上旬为成虫发生盛期，6 月上旬至下旬为产卵盛期。卵单产在花卉根际土表中，6 月中旬孵化，8 月中下旬幼虫老熟潜入地下 20~30cm 处做土室化蛹，蛹期 10 天，羽化后进入越冬期。

五、防治方法

（一）农业防治

适时灌水、合理施肥，在灌溉方便的地方，可以进行适期灌水，对杀死低龄蛴螬特别有效。有机肥要充分腐熟，不施未经腐熟的肥料。

（二）物理防治

利用成虫的趋光性，用黑光灯进行诱杀。

（三）生物防治

采用金龟子芽孢杆菌、绿僵菌等病原菌以菌肥形式施药，虫口减退率一般可达50%~100%。如金龟子绿僵菌颗粒剂可每亩穴施或沟施 3~4kg。

（四）化学防治

可采用毒土、药液灌根和毒饵等防治幼虫（见表 4-8）。利用成虫入土的习性，于危害发生前用辛硫磷等药剂处理土壤，撒后耙松表层土，可杀灭土壤中的成虫；或用溴氰菊酯等在傍晚 18 时以后进行喷雾防治。

表4-8　铜绿丽金龟、黑绒金龟子药剂防治方法

药剂名称	剂量	剂型	施用方法
10亿孢子/g金龟子绿僵菌	每亩3~4kg	颗粒剂	
0.2%氟氯氰菊酯·噻虫胺	每亩25~30kg	颗粒剂	沟施；穴施；撒施，撒后耙松表层土
3%阿维菌素·吡虫啉	每亩2~3kg	颗粒剂	
15%毒死蜱	每亩1.2~1.6kg	颗粒剂	
25%吡虫·毒死蜱	每亩400~500mL	微囊悬浮剂	药土法
2.5%溴氰菊酯	3000倍液	乳油	
20%氰戊菊酯	3000倍液	乳油	傍晚18时后喷雾防治
50%杀螟硫磷	1500倍液	乳油	

第九节　月季切叶蜂

一、学名

月季切叶蜂（*Megachile nipponica* Cockerell），属膜翅目（Hymenoptera）切叶蜂科（Megachilidae）。

二、寄主及危害

月季切叶蜂是一类采集月季叶片的害虫，分布于北京、河北、台湾等地，主要危害月季、蔷薇等蔷薇科植物及兰花。

切叶蜂本身并不栖息在月季上，也不以叶片为食，其切割叶片纯粹是为了筑巢。切叶蜂成虫切割月季叶片的速度十分迅速，切叶所造成的缺口呈圆形或椭圆形。同一只切叶蜂有选择某一植株切割的习性。该虫用口器割切叶片，形成直径1~2cm的圆形至椭圆形缺口，被切割的边缘相当整齐。切取的叶片用来筑巢，把卵产在巢中，使其孵化发育成成虫。

切叶蜂危害状

三、形态特征

月季切叶蜂的发育主要包括卵、幼虫、蛹和成虫4个阶段。

卵：长椭圆形，乳白色。

幼虫：蛴螬型，无足；头小，黄褐色，上颚发达，胸、腹部乳白色，腹末尖细，体表多皱纹。茧近圆筒形，头端平截，尾端略尖，褐色。

蛹：为离蛹，初化蛹为乳黄白色，后变为深褐色。

成虫：雌成虫体长15mm，前翅长10mm左右，黑色有光泽，头胸部具棕灰色长毛。

头刻点密，后缘略凹，额上部至头顶凹平；复眼黑褐色，单眼浅褐色；触角 12 节，黑色；唇基长大于宽；上颚黑色强大，端具 4 齿；胸背刻点粗圆且浅，中盾沟不及背板的一半；后缘生密长毛。翅 2 对、浅褐色半透明，黑褐色脉纹不达外缘，前翅具 1 个闭锁的肘室。足黑褐色，中胫端距 1 根，后胫端距 2 根；第 1 跗节宽扁且长，大于第 2~5 跗节长之和；爪内侧近基部具小齿 1 个。腹部可见 6 节，各节前部 2/3 处刻点疏粗，后部细密，第 1 节前缘圆弧形凹切，第 1~3 节被灰白色长毛；第 6 腹板宽三角形。雄成虫体长 10mm，头胸部被浓密黄毛，腹节间毛带黄色，无腹毛刷；上颚发达具齿。

四、发生规律

月季切叶蜂 1 年发生 3~4 代，世代重叠，以老熟幼虫在枯木树洞、石洞及其他天然洞穴中筑巢做茧越冬。第 2 年春化蛹，蛹期 10~15 天。越冬代发生集中而整齐。成虫 4 月中旬至 5 月初出现，南方 4 月下旬，北方 5 月中旬为成虫出现高峰期。成虫寿命 20~25 天；卵期 3~4 天，幼虫期约 20 天。第 1 代成虫出现期：南方 5 月中旬至 6 月下旬，北方 6 月中旬至 7 月中旬。第 2 代成虫出现期：南方 6 月下旬至 7 月中旬，北方 7 月下旬至 8 月。第 3 代成虫出现期：南方 8 月上旬至 9 月上、中旬，北方 9 月上旬至 10 月上旬。第 4 代成虫仅南方出现，为 9 月中旬至 11 月上旬。当气温高于 20℃时雌蜂才开始出洞，从早到晚均可进行切叶，但以 10—15 时最盛。雌蜂切叶并非取食，而是用以筑巢，供贮藏“食料”和产卵之用。雌蜂喜欢选择嫩而薄，质地较柔软而充分展开的中上部叶片为筑巢材料。由于雌蜂反复切叶，而使叶片布满一些很规则的缺刻。

五、防治方法

（一）人工捕捉

成虫出现高峰期以网捕捉，减少虫源。

（二）保护利用天敌

蔷薇切叶蜂有几种寄生性天敌，如长尖腹蜂、跳小蜂和寄生蝇等，其中以长尖腹蜂为主。

（三）药剂防治

发生量大时，主要在成虫发生高峰期施用化学药剂。推荐药剂：高效氯氰菊酯、溴氰菊酯、杀螟松等（见表 4-9）。

表4-9 月季切叶蜂药剂防治方法

药剂名称	浓度	剂型	施用方法
2.5%溴氰菊酯	1500倍液	乳油	兑水施用，均匀喷洒至植株表面
4.5%高效氯氰菊酯	1500~2000倍液	乳油	
50%杀螟松	1000倍液	乳油	

第十节　玫瑰巾夜蛾

一、学名

玫瑰巾夜蛾(*Parallelia arctotaenia* Guenee),属鳞翅目(Lepidoptera)夜蛾科(Noctuidae),又名月季造桥虫等。

二、寄主及危害

国内分布广泛，在山东、河北、江苏、上海、浙江、安徽、江西、陕西、四川、贵州等地均有分布。寄主植物广泛，主要为害月季、玫瑰、蔷薇、石榴、柑橘、马铃薯、蓖麻、十姐妹、大丽花、大叶黄杨等植物。多以幼虫食叶成缺刻或孔洞，也为害花蕾及花瓣。

玫瑰巾夜蛾幼虫为害

三、形态特征

幼虫绿褐色，有赭褐色细点，第 1 腹节背面有 1 对黄白色小眼斑，第 8 腹节背面有 1 对黑小斑。

蛹体长 16~19mm，宽 5.5~6mm。体形中等，红褐色，体表被白粉。

成虫体长 18~20mm，翅展 43~46mm。全体暗灰褐色。前翅有 1 条白色中带，其上布有细褐点，翅外缘灰白色；后翅有 1 条白色锥形中带，翅外缘中、后部白色，缘毛灰白色。下唇须细长，纺锤形，下颚须不见，下颚末端达前翅末端稍前方，前足转节，腿节不见，触角末端达中足末端的前方。腹部 2~8 节背面与 5~8 节腹面布满大小不同的半圆形刻点，腹部末端具不规则网纹，着生红色钩刺 4 对。

玫瑰巾夜蛾幼虫、蛹和成虫(成维　摄)

四、发生规律

华东地区1年发生3代，以蛹在土内越冬。次年4月下旬至5月上旬羽化，多在夜间交配，把卵产在叶背，1叶1粒，一般1株月季有幼虫1条。幼虫期1个月，蛹期10天左右。6月上旬1代成虫羽化，幼虫多在枝条上或叶背面，拟态似小枝。老熟幼虫入土结茧化蛹。

五、防治方法

（一）农业防治

人工捕捉幼虫，深翻土壤，减少越冬蛹。

（二）物理防治

利用黑光灯诱杀成虫。

（三）药剂防治

鳞翅目害虫抗药性较强，一定要掌握在初孵幼虫期及时施药。宜在下午及傍晚幼虫取食时施药，以提高防治效果。推荐药剂有氯虫苯甲酰胺、溴氰菊酯、氰戊菊酯等（见表4-10）。

表4-10　玫瑰巾夜蛾药剂防治方法

药剂名称	剂量	剂型	施用方法
35%氯虫苯甲酰胺	10000~20000倍液	水分散粒剂	下午及傍晚幼虫取食时施药
2.5%溴氰菊酯	2000~3000倍液	乳油	
20%氰戊菊酯	1500倍液	乳油	
45%丙溴·辛硫磷	1000倍液	乳油	

第十一节　黄刺蛾

一、学名

黄刺蛾(*Cnidocampa flavescens* Walker),属鳞翅目(Lepidoptera)刺蛾科(Limacodidae)。

二、寄主及危害

黄刺蛾分布广泛，在我国大部分地区均有分布，一般管理粗放及树种较多的果园发生较重。食性很杂，可为害苹果、梨、杏、桃、李等多种果树，以及杨、榆、梧桐等多种林木和月季等观赏植物。幼龄幼虫只食叶肉，残留叶脉，将叶片吃成网状。幼虫长大后，将叶片吃成缺刻状，仅留叶柄及主脉，或将叶片吃光成为光干，致使秋季二次发芽，影响其生长发育，甚至使其枯死。

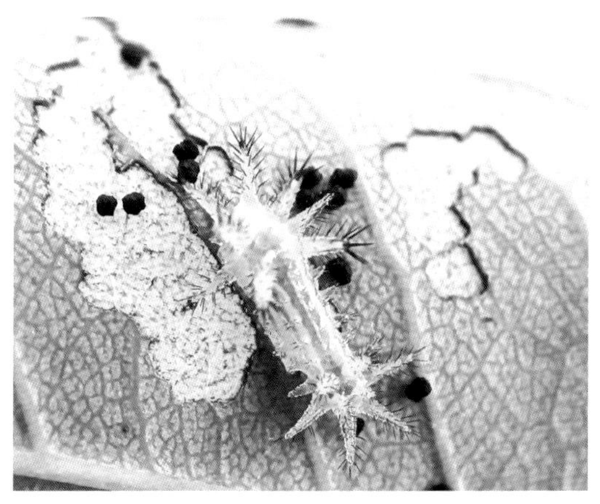

黄刺蛾低龄幼虫取食叶片

黄刺蛾高龄幼虫取食叶片

三、形态特征

黄刺蛾的发育主要分为卵、幼虫、茧、成虫4个阶段。

卵：椭圆形扁平，初产时黄白色，后变黑褐色。常数十粒排在一起，卵块不规则。

幼虫：幼虫共7龄。老熟幼虫体长16~25mm，肥大，呈长方形，体色为黄绿色。头较小，淡黄褐色隐于前胸第1节下方。前胸宽大，黄绿色，左右各有1黑褐斑。体背面有1紫褐色哑铃形大斑，边缘发蓝。胴部第2节以后各节有4个横列的肉质突起，上生刺毛与毒毛，其中以3、4、10、12节者较大，体两侧下方还有9对枝刺。气门红绿色，上下边缘深绿色，体侧各节有瘤状突起，上有黄毛，腹部淡黄色。臀板上有2个黑点，胸足极小，腹足退化，第1~7腹节腹面中部各有1扁圆形“吸盘”。体中部两侧各有2条蓝色纵纹。

茧：石灰质坚硬，上有灰白色和褐色纵纹，似鸟卵，多在寄主树枝上结茧。

成虫：体长13~16mm，黄至黄褐色。前翅内半部为黄色，外半部为褐色，有2条棕褐色斜线，在翅尖上汇合于一点呈倒“V”形，内面的1条伸到中室下角，为黄色与褐色的分界线，在前翅的黄色区有2个深褐色斑点。后翅淡黄褐色，边缘色较深。

黄刺蛾1龄幼虫（成维 摄）

黄刺蛾3龄幼虫（成维 摄）

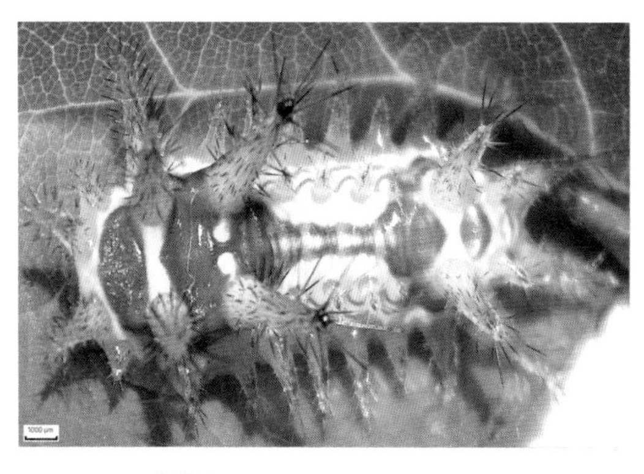

黄刺蛾5龄幼虫（成维 摄）

黄刺蛾7龄幼虫（成维 摄）

四、发生规律

黄刺蛾在华北地区1年发生1~2代，在江苏、上海、浙江等地为2代，均以老熟幼虫在枝干上结茧越冬。

在发生1代地区，成虫于6月中旬出现，幼虫于7月中旬至8月下旬发生为害。老熟幼虫在8月中旬至9月下旬先吐丝缠绕于树枝上，做椭圆形茧，然后在茧内活动吐丝和分泌黏液。茧开始透明，可见幼虫活动情况，后即凝成硬茧。初结之茧为灰白色，不久变为棕褐色，并显露白色纵纹，形成鸟卵形。幼虫做茧后，在茧顶内以破茧器磨一圆形伤痕，以便成虫羽化后冲破茧盖而出。结茧位置在高大树木上多在树枝分叉处，在苗木上则结于树干上。幼虫在茧中越冬，待次年6月中旬才羽化。

发生2代的地区，越冬幼虫5月中下旬开始化蛹，6月上中旬成虫羽化。第1代幼虫为害盛期是6月下旬至7月中旬，成虫发生于8月上中旬。第2代幼虫为害盛期是8月中下旬至9月中旬，9月下旬幼虫陆续在枝干上结茧越冬。

成虫昼伏夜出，有趋光性。卵产于叶背，数十粒连成片，也有散产者。每雌虫产卵量为50~70粒，卵期5~6天。成虫寿命4~7天。初孵幼虫先食卵壳，再群集叶背啃食下表皮和叶肉，形成透明小斑。幼虫长大后逐渐分散，食量增大，常将叶片吃光，仅留叶柄。幼虫共7龄，历期24~33天。第一代幼虫结的茧小而薄，第二代结的茧大而厚。

黄刺蛾茧

黄刺蛾成虫（成维 摄）

五、防治方法

（一）人工防治

清洁花园，消灭越冬茧：利用幼虫结茧越冬的习性，于冬、春季节结合整枝修剪，剪除虫茧，清除植株茎干上以及根部周围表土上等处的越冬茧。有些黄刺蛾结茧在植株周围的土下越冬，可结合松土翻地、施肥等措施，挖除地下虫茧，消灭其中的幼虫。

捕杀低龄幼虫：黄刺蛾初孵幼虫有群集性，故被害叶片易于发现，在小面积范围内可以组织人力摘除虫叶，注意切勿使虫体接触皮肤。

以灯光诱杀。多数黄刺蛾成虫有较强的趋光性，可设置黑光灯诱杀成虫。

（二）生物防治

保护利用天敌昆虫，目前已发现黄刺蛾的寄生性天敌有刺蛾紫姬蜂、刺蛾广肩小蜂、上海青蜂、爪哇刺蛾姬蜂、健壮刺蛾寄蝇和绒茧蜂。

施用生物农药，防治幼虫的生物制剂有白僵菌、青虫菌、核型多角体病毒。卵孵化盛期，用苏云金杆菌（Bt）或大蓑蛾核型多角体病毒等微生物农药防治。Bt 乳剂（含孢子 100 亿个 /mL 以上）500~800 倍液喷雾效果很好。

（三）药剂防治

掌握防治适期及时喷药。幼虫 3 龄前抵抗力弱，对药剂敏感，5 龄后抗药性增强。要抓住 6 月中旬前后和 7 月中旬前后的第 1、2 代幼虫群集关键期用药，防治效果好且省药。推荐农药：甲氨基阿维菌素苯甲酸盐、茚虫威、溴氰菊酯、灭幼脲、高效氯氰菊酯等（见表 4-11）。

表4-11　黄刺蛾药剂防治方法

药剂名称	剂量	剂型	施用方法
5%甲氨基阿维菌素苯甲酸盐	3500~5000倍液	水分散粒剂	兑水施用，喷雾，全株均匀喷洒
25%灭幼脲	2000倍液	悬浮剂	
15%茚虫威	2500~3500倍液	悬浮剂	
2.5%溴氰菊酯	2500~5000倍液	乳油	
4.5%高效氯氰菊酯	1500~2000倍液	乳油	

第十二节 棉铃虫

一、学名

棉铃虫（*Helicoverpa armigera* Hübner），属鳞翅目（Lepidoptera）夜蛾科（Noctuidae）。

二、寄主及危害

棉铃虫是一种典型的多食性害虫，寄主植物有 30 多科 200 余种，除棉花外，还为害玉米、小麦、高粱、豌豆、芝麻、花生、月季等多种栽培作物及花卉。

棉铃虫为害月季植株时主要是以幼虫蛀食花蕾、花、果，也食害嫩茎、叶和嫩梢，花蕾常被吃成空洞，易暴发成灾。棉铃虫幼虫分为 6 龄，初孵幼虫通常先吃掉大部分或全部卵壳后转移到叶背栖息，当天不吃不动，难以发现。第二天开始爬至生长点或果枝嫩头取食，此时为害较轻。2 龄幼虫开始取食花蕾，3 龄以上有自相残杀的习性，5、6 龄进入暴食期。幼虫以钻入嫩蕾或花朵中钻蛀为害，同时排出虫粪。幼虫有跨株为害的习性，一只幼虫可为害多个花蕾，使其不能正常开花，多变为黄绿色。

棉铃虫幼虫钻蛀花蕾

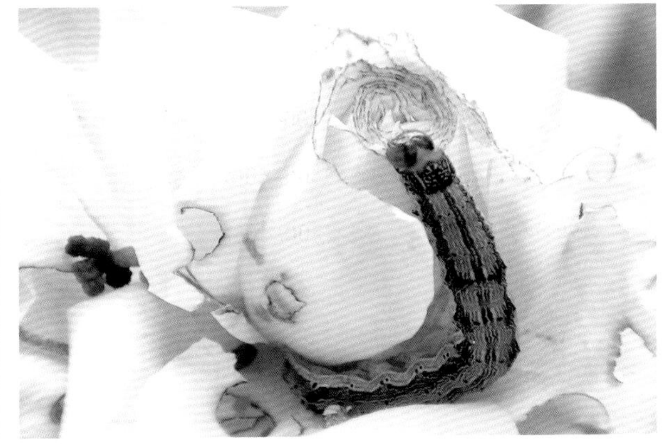

棉铃虫幼虫取食花瓣，排出粪便

三、形态特征

棉铃虫的发育历期包括卵、幼虫、蛹和成虫 4 个时期。

卵：半球形，长 0.51~0.55mm，宽 0.44~0.48mm。卵孔不明显。卵的中部周围有纵棱 26~29 根，纵棱间有横道 26~29 根。卵初产时乳白色，2 天后顶部有紫黑色圈。

老熟幼虫：体长 30~45mm。体色多变，可为淡红色、黄白色、淡绿色和绿色。头部黄色，有不规则的黄褐色网状斑纹。背线 2 条或 4 条，气门上线可分为不连续的 3~4 条，其上有连续的白色纹。体表布满褐色及灰色长而尖的小刺，腹面有十分明显的黑褐色及黑色小刺。前胸气门下方的 1 对毛的连线穿过气门或至少与气门下缘相切。

蛹：体长 17~20mm，宽 5~6mm，纺锤形，黄褐色。头部前端无乳头状突起。腹部第 5~7 节背面与腹面有 7~8 排密集而小的马蹄形刻点；腹部末端圆形，有 1 对很小的突起，2 个突起基部分开，相距较远，每个突起上着生有长而直的刺 1 根。非滞育蛹后颊部的 4 个眼点在蛹发育至 3 级时全部消失，越冬代滞育蛹在冬前此眼点不消失。

棉铃虫幼虫（成维 摄）

棉铃虫蛹（成维 摄）

成虫：体长 14~18mm，翅展 30~38mm。头和胸部淡灰褐色。前翅长度约等于体长，青灰色或淡灰褐色；中横线由肾纹内侧斜至后缘，末端达环纹的正下方；外横线很斜，末端达肾纹中部后下方；亚端线的锯齿纹较均匀，距外缘的宽度大致相等。后翅灰白色，翅脉褐色，沿外缘有黑褐色宽带，宽带中部 2 个灰白色斑不靠外缘，有些个体无灰白色斑。腹部灰褐色，背面和腹面杂有黑色鳞片，个体间绝无例外。

棉铃虫成虫（成维 摄）

四、发生规律

棉铃虫年发生世代各地不一，我国大部分地方 1 年发生 4~5 代，南部及西南部边远地区和低热河谷地区，1 年可发生 6~7 代，均以蛹在土壤中越冬。次年 4 月中下旬，温度在15℃以上时，成虫开始羽化，羽化期可延长1个多月，有世代重叠的现象。成虫昼伏夜出，白天多栖息在植株丛间，傍晚活跃，集中在开花植物上吸食花蜜。雌蛾将卵产在嫩叶、嫩梢、茎基等处，初孵幼虫取食嫩叶和小花蕾，被害部分残留表皮，形成小凹点，2~3龄时吐丝下垂分散为害花蕾及花。老熟幼虫入土内3~9cm处筑土室化蛹。蛹期9~15天，10月中下旬仍可见到成虫。

五、防治方法

对棉铃虫的防治应采取物理防治结合园艺措施，科学合理使用化学农药的综合治理技术，达到既控制棉铃虫的为害，又延缓棉铃虫的抗药性，减少环境污染，保护生态平衡的目的。

（一）诱杀成虫

种植诱集作物：利用成虫需到蜜源植物上取食以获得补充营养的习性，在花田内或附近种植花期与棉铃虫羽化期相吻合的植物，进行诱杀。常用的诱集作物有芹菜、洋葱、胡萝卜等伞形科植物及可诱集棉铃虫产卵的玉米、高粱等作物。

灯光诱杀：根据棉铃虫的趋光性，可用频振式杀虫灯、高压汞灯、黑光灯等诱杀成虫。

杨树枝把等诱蛾：大面积诱蛾要抓住发蛾高峰期，用70cm左右长的半萎蔫杨、柳、紫穗槐等树枝，每10枝捆成1把，每公顷105~150把，每天日出前用塑料袋套蛾捕杀，6~7天更换1次。

性诱剂诱杀：在棉铃虫羽化初期，田间放置水盆式诱捕器，盆高于作物约10cm，每200~250m^2设1个诱捕器，每天早晨捞出死虫，并及时补足水，约15天换1次诱芯。

（二）园艺措施

园地进行轮作，冬季进行翻耕，可杀死部分越冬蛹。

（三）药剂防治

药剂防治适期应掌握在卵期和初孵幼虫期。推荐药剂：棉铃虫核型多角体病毒、阿维菌素、丙溴磷、硫双威、甲氰菊酯等（见表4-12）。

表4-12 棉铃虫药剂防治方法

<table>
<tr><th>药剂名称</th><th>剂量</th><th>剂型</th><th>施用方法</th></tr>
<tr><td>20亿PIB/mL棉铃虫核型多角体病毒</td><td>每亩50~60mL</td><td>悬浮剂</td><td rowspan="5">兑水喷雾施用，全株均匀喷洒</td></tr>
<tr><td>32000IU/mg苏云金杆菌G033A</td><td>每亩125~150g</td><td>可湿性粉剂</td></tr>
<tr><td>40%丙溴磷</td><td>每亩100~120mL</td><td>乳油</td></tr>
<tr><td>3.2%阿维菌素</td><td>每亩50~70mL</td><td>乳油</td></tr>
<tr><td>20%甲氰菊酯</td><td>每亩30~40g</td><td>乳油</td></tr>
</table>

第十三节　星 天 牛

一、学名

星天牛（*Anoplophora chinensis* Forster），属鞘翅目（Coleoptera）天牛科（Cerambycidae）。

二、寄主及危害

星天牛为亚洲本土的林木钻蛀性害虫，也是长江中下游地区林木的重要蛀干害虫，分布极广，在我国河北、浙江、湖北、海南等20多个省市皆有分布记录。食性杂，寄主广泛，可危害26科40属100多种植物，其中悬铃木、柳树、杨树、栾树、石楠、美国红枫、蔷薇、梅花、山茶花、月季、樱花、桃花、玫瑰、海棠、木芙蓉、柑橘、花红、刺槐等都深受其危害。

月季是星天牛成虫的喜食树种，成虫发生期啃食月季当年生嫩茎表皮，影响植株生长，严重时整枝枯死。同时又以幼虫钻蛀取食月季较粗主干、大枝，下可蛀达根部并且在近地面根茎交界处蛀食为害。严重时在茎干内蛀成许多虫道，破坏输导组织进而造成植株生长衰弱，甚至衰亡。

星天牛危害植株情况

三、形态特征

星天牛的发育经过卵、幼虫、蛹和成虫4个时期。

卵：长椭圆形，一端稍大，长4.5~6mm，宽2.1~2.5mm。初产时为白色，之后渐变为乳白色。

幼虫：老熟幼虫呈长圆筒形，略扁，体长 40~70mm，前胸宽 11.5~12.5mm，乳白色至淡黄色。前胸背板前缘部分色淡，其后为 1 对形似飞鸟的黄褐色斑纹，前缘密生粗短刚毛，前胸背板的后区有 1 个明显的较深色的“凸”字纹；腹部背步泡突微隆，具 2 横沟及 4 列念珠状瘤突。

蛹：纺锤形，长 30~38mm，初化之蛹淡黄色，羽化前各部分逐渐变为黄褐色至黑色。翅芽超过腹部第 3 节后缘。

成虫：雌成虫体长 36~45mm，宽 11~14mm，触角超出身体 1~2 节；雄成虫体长 28~37mm，宽 8~12mm，触角超出身体 4~5 节。体黑色，具金属光泽。头部和身体腹面被银白色和部分蓝灰色细毛，但不形成斑纹。触角第 1~2 节黑色，其余各节基部 1/3 处有淡蓝色毛环，其余部分黑色。前胸背板中溜明显，两侧具尖锐粗大的侧刺突。鞘翅基部密布黑色小颗粒，每鞘翅具大小白斑 15~20 个，排成 5 个横行。

星天牛成虫

四、发生规律

星天牛在武汉地区 2 年发生 1 代。以幼虫在被害寄主木质部蛀道内越冬。越冬幼虫于次年 3 月温度回升后开始活动，4 月上旬气温稳定至 15℃以上时开始化蛹，蛹期 25 天左右。5 月下旬化蛹基本结束，成虫开始羽化，5 月底至 6 月上旬为成虫羽化高峰期，8 月下旬仍有少数成虫羽化，至 10 月仍可见到成虫活动。成虫羽化后啃食寄主嫩枝皮层补充营养，10~15 天后交配。成虫可多次交配，多次产卵。一般于 6 月中上旬开始产卵，产卵高峰期在 6 月下旬至 7 月中旬，可持续至 8 月中旬。雌成虫寿命 40~60 天，雄成虫寿命 30~40 天。卵期 7~15 天，幼虫自 6 月中下旬开始孵化，先在皮层下蛀食，后蛀入木质部，幼虫期长达 10 个月，至 11 月上旬越冬。

五、防治方法

（一）越冬期防治

剪除害枝：结合修剪，将有虫枝条剪去，集中烧毁，以减轻虫源。

（二）成虫产卵期防治

害虫盛发期，可在花圃内悬挂黑光灯诱杀。星天牛多喜栖息在幼树树冠顶端向阳处，可于晴天上午人工捕杀。虫害严重的月季园，可于晴天上午喷施高效氯氰菊酯等药剂灭杀。

（三）幼虫期防治

在初孵幼虫为害时，可将萎蔫的新梢进行剪除处理，剪除时要剪到枝条内无蛀痕为止。对蛀入粗茎不能完全剪除的，可用内吸剂或触杀剂做成毒签，逐孔插入毒死幼虫。推荐药剂有白僵菌、吡虫啉、高效氯氰菊酯等（见表 4-13）。

表4-13 星天牛药剂防治方法

药剂名称	浓度	剂型	施用方法
400亿/g球孢白僵菌	1500~2500倍液	可湿性粉剂	喷雾；产卵孔注射
80亿/mL金龟子绿僵菌CQMa421	400~800倍	可分散油悬浮剂	
10%甲维·吡虫啉	每厘米胸径1.0~1.5mL	可溶液剂	
15%吡虫啉	3000~4000倍液	微囊悬浮剂	
3%噻虫啉	2000~3000倍液	微囊悬浮剂	
3%高效氯氰菊酯	400~800倍液	微囊悬浮剂	